新疆农业职业技术学院现代学徒制试点学徒岗位教材

园林种植施工学徒岗位手册

刘小菊　李　倩　主编

U0951490

中国农业大学出版社
·北京·

内 容 简 介

本教材是教育部现代学徒制试点项目成果，由企业主导，校企合作开发，配合学生以企业学徒身份在岗学习使用。本教材参照行业标准编写，以园林种植施工流程为主线，步骤详细、通俗易懂、图片丰富，既可以作为高等职业院校农林类园林专业教材，也可用于行业培训。

图书在版编目(CIP)数据

园林种植施工学徒岗位手册/刘小菊，李倩主编．—北京：中国农业大学出版社，2019.10

ISBN 978-7-5655-2301-4

Ⅰ．①园… Ⅱ．①刘…②李… Ⅲ．①园林植物-景观设计-高等职业教育-教学参考资料 Ⅳ．①TU986.2

中国版本图书馆 CIP 数据核字(2019)第 247419 号

书　　名 园林种植施工学徒岗位手册

作　　者 刘小菊　李　倩　主编

策划编辑 姚慧敏　张　玉　　**责任编辑** 姚慧敏

封面设计 郑　川

出版发行 中国农业大学出版社

社　　址 北京市海淀区圆明园西路 2 号　　**邮政编码** 100193

电　　话 发行部 010-62733489，1190　　读者服务部 010-62732336

编辑部 010-62732617，2618　　出　版　部 010-62733440

网　　址 http://www.caupress.cn　　**E-mail** cbsszs@cau.edu.cn

经　　销 新华书店

印　　刷 涿州市星河印刷有限公司

版　　次 2020 年 5 月第 1 版　2020 年 5 月第 1 次印刷

规　　格 787×1092　16 开本　12.25 印张　240 千字

定　　价 37.00 元

图书如有质量问题本社发行部负责调换

编写人员

主　编　刘小菊　新疆农业职业技术学院

　　　　　李　倩　新疆农业职业技术学院

副主编　李永胜　新疆昌吉市园林绿化管理局

　　　　　赵　潮　喀什市百卉园林绿化有限公司

参　编　闫春霞　新疆农业职业技术学院

　　　　　吴红丽　新疆昌吉国家农业科技园区

　　　　　边文强　新疆友联建设工程有限责任公司

　　　　　卜秀莲　新疆昌吉嘉馨园花木基地

　　　　　孙启超　广汇置业服务(集团)有限公司

主　审　王海波　史　梅

前　言

《园林种植施工学徒岗位手册》是高职农林类园林工程学徒培养的一门重要专业课程教材。本手册以高等职业教育学徒培养的目标进行定位，即以培养可独立承担行业内具体工作的实用性人才为依据进行编写。

该手册适应近几年高职现代学徒制培养模式改革，增强学徒职业能力的需求。在内容的选择和组织上以工作过程形式编排，将步入企业和对学徒岗位的认识纳入其中，以学徒的认知规律和职业能力形成为主线，以工作任务为载体，将工作程序与方法要求单独提炼出来，并附以对应的业务知识、业务经验和案例分析。每一部分都有工作记录单及对行业内典型人物的介绍是本书的特色。将职业素质的培养贯穿在学徒培养的全过程是现代学徒培养的一个重要特点。使学徒的学习既有明确的知识目标，又有针对性的技能目标和素质目标，即将理论知识和实践很好地结合，提高了学徒解决实际问题的能力，从而提高了学徒的职业素质。

本教材共三部分，第一部分步入企业，共 2 个入职培训专题，由刘小菊编写；第二部分认识岗位，共 4 个入职培训专题，由李倩编写；第三部分学徒工作学习任务，共 6 个学习任务。任务 1、2 由李倩和孙启超编写，任务 3、4、6 由刘小菊、边文强和吴红丽编写，任务 5 由闫春霞和卜秀莲编写。刘小菊、李倩、李永胜和赵潮负责统稿。

教材编写中参考了很多相关文献资料，在此向有关作者表示由衷的感谢，对所有参与教材编写工作的人员表示由衷的感谢。

在教材编写过程中，每位编者都做出了很大努力，但由于水平和时间所限，不妥之处在所难免，敬请广大读者提出宝贵的意见。

编　者

2019 年 5 月

目 录

The first parT

The first parT

第一部分

步入企业
（企业入职培训）

The first parT

The first parT

入职培训专题 1 我国园林行业的发展

一、行业概况

园林行业市场空间巨大，整个园林行业划分为市政园林、地产园林和生态修复 3 大方向。按照投资主体不同，将园林行业细分为市政园林、地产园林、生态修复类园林、企事业单位类园林和私家园林（图 1-1）。

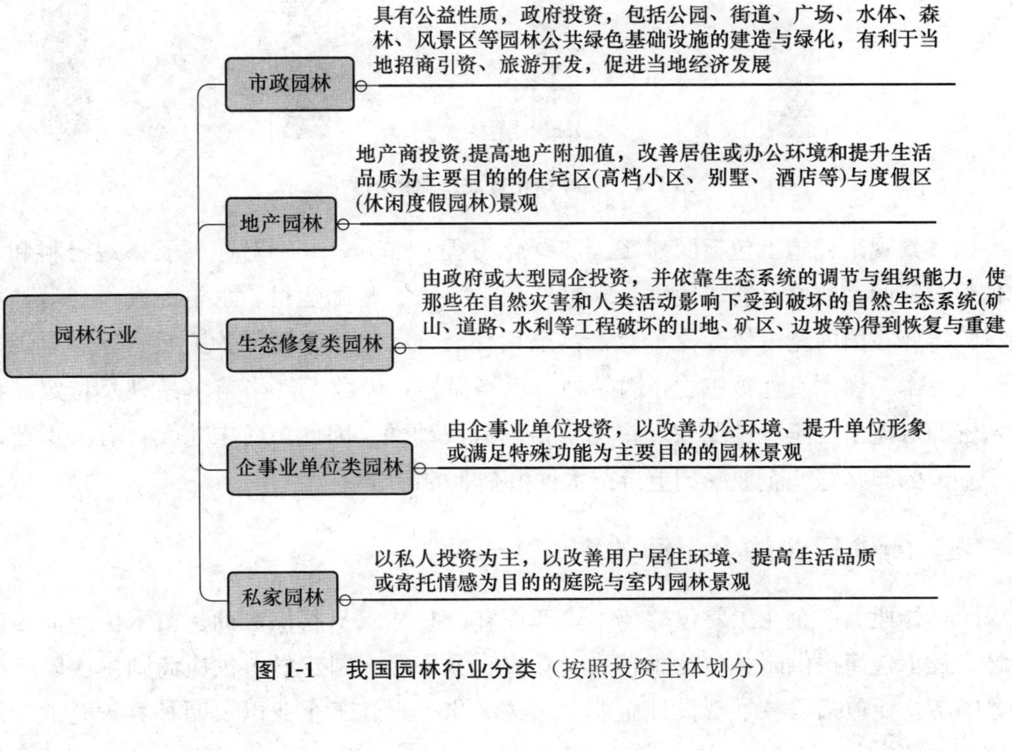

图 1-1　我国园林行业分类（按照投资主体划分）

“十三五”期间每年的市场空间合计 4 500 亿元左右，但由于行业进入门槛低，缺乏行业标准体系的约束，园林行业整体呈现“大行业、小公司”的格局。目前我国园林绿化企业数量已超过 1.6 万家，根据住建部公布信息及中国园林网统计，截至 2016 年 6 月 30 日，行业内具有城市园林绿化一级资质的企业 1 348 家，具有风景园林工程设计专项甲级资质的企业 292 家，同时具有上述两项资质的企业约 100 家。

二、产业链

园林行业的产业链包括了园林景观设计、园林景观工程施工及园林养护等一系列的专业分工。园林行业上游为原材料供应商，下游为园林景观产品及服务的采购者，包括各级政府、企事业单位、房地产商等（图 1-2）。

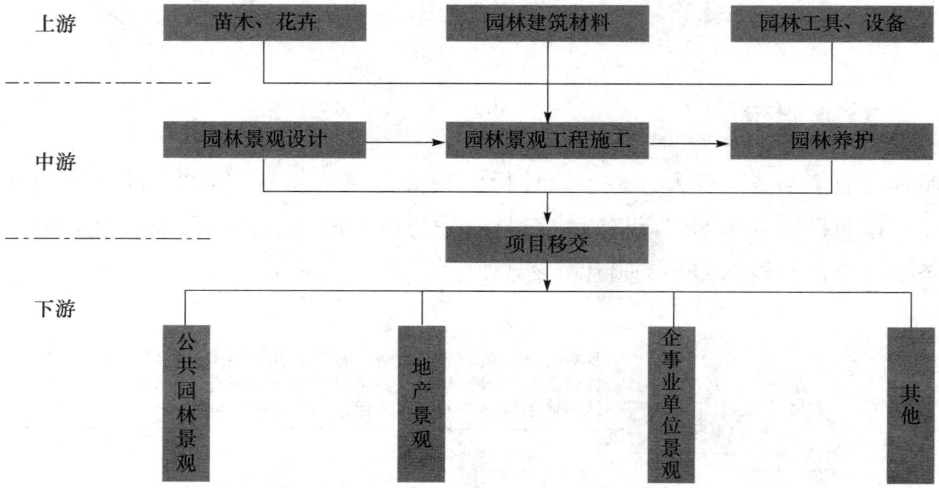

图 1-2　园林绿化行业产业链示意图

园林景观工程施工包括园建工程和绿化工程两部分，分别对应硬质景观材料和软质景观材料两大类原材料。硬质景观材料包括石材、基础建材、水电配套设备等，相关材料行业在国内竞争较为充分且产品通用性较强，材料来源较为充足；软质景观材料包括乔木、灌木及地被植物，因品种、规格而异，少数大规格苗木品种及特定品种苗木资源可能出现阶段性紧缺，市场价格具有波动性。因此，尚未建立自有大型苗木生产基地的园林绿化企业受到上游苗木种植企业的影响更大。

三、所处行业的上下游关系

园林行业上游企业主要包括苗木生产商和园林建筑材料供应商。苗木生产商为向园林工程承包商提供园林植物如苗木、花卉、盆景等，园建材料供应商则供应园建材料；中游企业包括园林景观设计企业、园林绿化工程施工企业以及园林养护企业，景观设计企业提供园林项目设计及咨询服务，施工企业则是按照设计要求进行施工并在项目完成后移交给园林养护企业负责后期养护或者移交给发包方（图 1-3）。

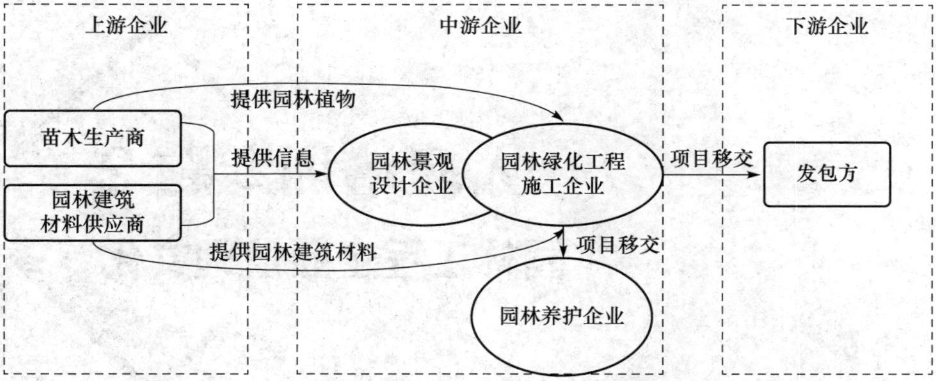

图 1-3　园林企业关系

入职培训专题 2
园林工程企业管理文化

第一节　园林工程公司的组织构架

组织架构见图 1-4。

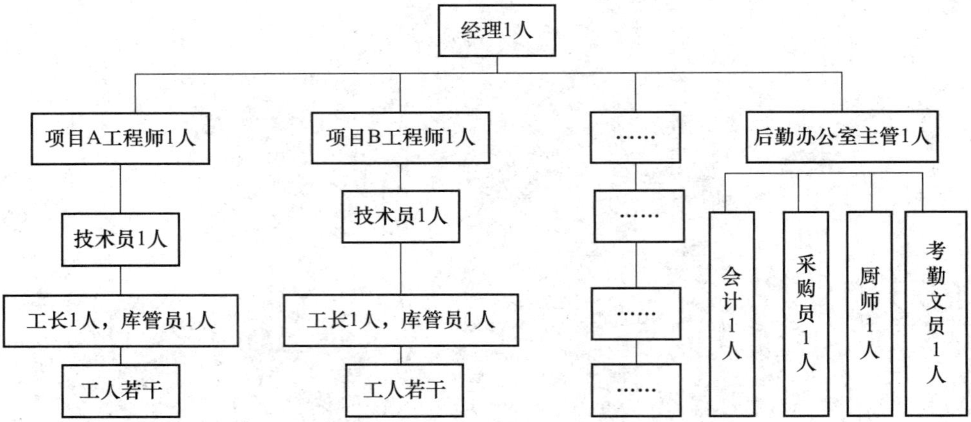

图 1-4　园林绿化工程公司基本组织架构

一、绿化工程师的任职及职责

每个项目 1 人，前期需要 1 人，主要负责绿化现场的全面管理。

1. 任职条件

五年以上的绿化施工现场管理经验，熟悉苗木及绿化施工程序，园林绿化相关专业。

2. 职责

（1）对各项目部的安全施工、质量管理、技术管理、工地文明、工程资料、机械设备、材料管理、成本核算等统抓共管。主持制定项目的施工组织设计，质量计划，总体计划及年、季、月施工进度计划，并按计划组织实施。

（2）按设计图、施工规范、施工组织设计（方案）质量安全标准组织施工，指导管理区内作业，对绿化工程或承担的分部工程施工质量安全负直接责任。

（3）严格把控绿化工程的施工情况，对工程进度和安全生产情况进行目标管理和评估考核。

（4）及时妥善处理工程事故及其他影响施工生产的纠纷。

（5）掌握并汇总施工进度、人员用工、财政支出等情况，负责劳动力、原材料、机械设备、能源、资金等五大定额的管理，组织把关项目的成本、原材料、机械费用、人工费、管理费等各项费用的核算工作，控制成本。

（6）负责各部门之间的资源调配，与工程管理涉及的相关部门、单位进行沟通平衡。

（7）负责办理工程技术资料签证手续，监督项目部做好资料的收集完善和管理工作，领导项目部办好工程结算、交工验收和工程保修。

（8）熟悉本地区树种、植被特性，熟悉相关景观设计。

（9）确保工程苗木的成活率，严格按规范进行养护。

（10）具备树木、园林景观的维护及病虫害防治的相关专业能力。

（11）处理工程部的日常管理工作。

（12）完成领导临时交办的其他事务。

二、绿化工程技术员

每个项目1人，前期需要1人，主要负责绿化现场的技术、图纸放线、兼预算职能。

1. 任职条件

三年以上的绿化现场施工经验，熟悉绿化工程施工流程及重点注意事项，能做园林绿化预算，园林相关专业。

2. 职责

（1）熟悉施工图纸及施工规范标准，对图纸所存在的问题做好详细记录，并能按照图纸进行现场放线。

（2）编制日施工作业计划，做好施工中人员、材料、机具、设备的计划、申请、进场和使用。

（3）合理安排流水作业、交叉作业、施工难点、关键部位等技术问题，在当天及时处理，确保分管工程的月、旬、周工程进度。

（4）指导工人按技术质量安全标准操作，纠正一切违章指挥、违章作业行为。

（5）认真详细地填写施工日记。对主要工序的施工过程、主要操作方法不得遗漏后补。

（6）熟悉施工图，精通定额、预算软件和有关文件规定，深入施工现场了解实际情况，及时准确地完成施工图预结算。

（7）合理套用定额，无错项、漏项，及时编制设计变更补充预算，做好完整、高质量的月结算和竣工结算。

（8）严格执行市场价预算，研究预算用工价差，确保效益。

（9）及时办理各种签证手续，确保结算准确。

（10）熟悉掌握常用绿化机械、工具、用具的使用和维护。

（11）能熟练操作各种喷药设备，熟悉常规病虫害的症状，熟悉常规杀虫剂、杀菌剂、除草剂的使用要求和使用方法。

（12）熟悉树木及园林景观的栽培及养护。

（13）完成领导交办的其他事务。

三、后勤办公室主管1人

协助经理统一管理后勤各项工作。

1. 全面负责办公室的日常工作

（1）组织制定办公室年度、月度工作目标及工作计划，并组织实施。

（2）协助起草公司各项管理规章制度并监督实施。

（3）参与公司重大决策的研讨和制定。

（4）负责组织外事接待活动，妥善处理各种对外事务。

（5）审核、控制公司办公费用及接待费用。

（6）负责向有关政府部门的项目申报、年检、申领各类证照，完成批文手续等事宜。

2. 协调公司各部门之间的关系

（1）负责组织各部门的信息传递工作，保证各部门信息沟通顺畅。

（2）协调各部门的工作行为，使工作流程顺畅，实现共同的战略目标。

（3）负责公司的年终总结工作，包括会议安排及跟催各部门编写总结报告。

3. 负责公司对外形象宣传、公共关系和公司企业文化建设

（1）代表公司与相关部门、上下级单位往来，保持与相关企业的良好合作关系。

（2）负责公司的对外工作，协调公司与政府部门及其他企业的关系。

（3）协助经理组织公司企业文化建设，提炼和宣传企业理念，负责各种活动的举办，提高员工凝聚力。

4. 协助经理进行人员的招聘、任免等

5. 负责组织并统一协调公司招投标过程相关工作

6. 协助经理统管财务、采购、库房、后勤、伙食、考勤等工作

四、采购员 1 人

负责材料的采购，主要是工程所需的苗木。条件要求：熟悉北方地区的苗木特性、产地、价格，有一定苗木采购经验。

（1）及时了解材料供应市场苗木价格变化及产品品质情况，挖掘和收集新产品、新材料供应商的资料，熟悉各种物资的供应渠道，做到对供需心中有数。

（2）调查研究各部门物资需求及消耗情况，审核物资采购计划，报经理批准后组织实施。

（3）参与大批量物资订货的业务洽谈，监督、检查合同执行和落实情况。

（4）严格控制采购成本，保证产品质量和供货商的合法性，确保公司物资的正常采购。

（5）掌握工程的总计划及月、周计划，根据工程材料采购计划和现场工程变更情况按时供应，会同项目部对材料产品进行质量报验。

（6）负责有关生产的材料询价，提供供应商和分供方的相关资质、质量及技术资料，参与采购谈判，负责所购材料、设备的跟踪服务。

（7）在接到采购计划后，明确材质、数量和使用要求，及时询价并掌握库存情况，货比三家，确定价格报经理批准后进行采购。

（8）材料到达后立即和库管员、工程师、技术员办理入库验收，并完善相关手续。对购进不符合要求的材料，要立即解决，杜绝用在工程中。

（9）根据已批准计划代交项目现场的施工水电费、临时机械租用费、房租和购买办公用品费等费用。

（10）对现场的物资和机具的租赁要交付到库，同时尽到提醒归还义务。

（11）完成领导交办的其他任务。

五、库管员

每个项目现场需要库管员 1 人，前期 1 人，负责现场库房及材料的管理。

（1）熟悉和掌握常用物资的品种、规格、用途和性能及验收标准、规范。

（2）建好材料台账，做到账、卡、物相符，妥善保管原始账据。

（3）负责现场库房材料的防火、防盗工作，掌握基本防火知识及技能，及时采取措施，消除各种安全隐患，做好材料的堆放、防潮工作。

（4）负责材料的验收、保管、建档等工作。

（5）严格按材料发放制度进行材料的发放，对违反公司领料制度、超量领用材料等行为有权拒绝发料，并及时向主管上级汇报。

（6）负责对库房各种物资进行定期盘点，对项目部的材料进行库存核对，注明库存量。

(7) 正确填写材料报表，按材料消耗定额控制现场材料合理使用。

(8) 负责做好余料的回收工作。

(9) 完成项目经理交办的其他任务。

六、工长

每个项目 1 人，前期 1 名，主要负责绿化工人的具体工作安排、调配和安全，需要有一定的工人管理经验和绿化知识。

七、绿化工人

根据工程量，每个项目工程需要 10～15 人，工程进度要求紧时可临时雇用。项目工程师、技术员、工长、库管员、工人人数根据绿化工程的项目的数量增加而调整，前期人员共计 20～25 人。

第二节　园林工程公司的经营模式

一、业务承接

园林绿化企业通过已经建立的各种业务渠道、信息网络、公开信息和客户关系等，广泛收集景观设计、园林工程施工、绿化养护项目的信息，并由经营部业务专员进行跟踪工作，尽可能收集项目背景材料以及来自业主方的相关信息和要求。同时，由于知名企业在国内园林绿化行业已具有一定的知名度和良好的口碑，发包方在一些景观设计和工程施工项目招标时，也会主动向企业发出竞标邀请，园林绿化企业在全面了解发包方的要求，对工程的具体交工进度、技术质量要求和资金成本水平进行分析后，作出参与市场竞标的决策。

二、组织投标

在确定承接工程后，园林绿化企业招标部门认真研究工程条件、工程施工范围、工程量、工期、质量要求及合同主要条件等，依次开展以下工作：

(1) 调查投标环境。着重调查施工现场地理位置、现场地质条件、交通情况，现场临时供电、供水设施情况，当地劳动力资源和材料供应、材料价格等各个方面，以确定投标策略。

(2) 编制施工计划，制定施工方案。在核实工程量的基础上合理、规范、可行地制定施工方案，编制施工计划。

(3) 编制投标文件。公司依据招标文件和工程技术规范要求，根据编制的施工方案或施工组织设计，计算投标报价和编制投标文件。

（4）投送投标文件。公司在规定的日期内将投标文件密封送达招标单位或其指定的地点。

（5）参与开标会议。

园林工程承接流程见图 1-5。

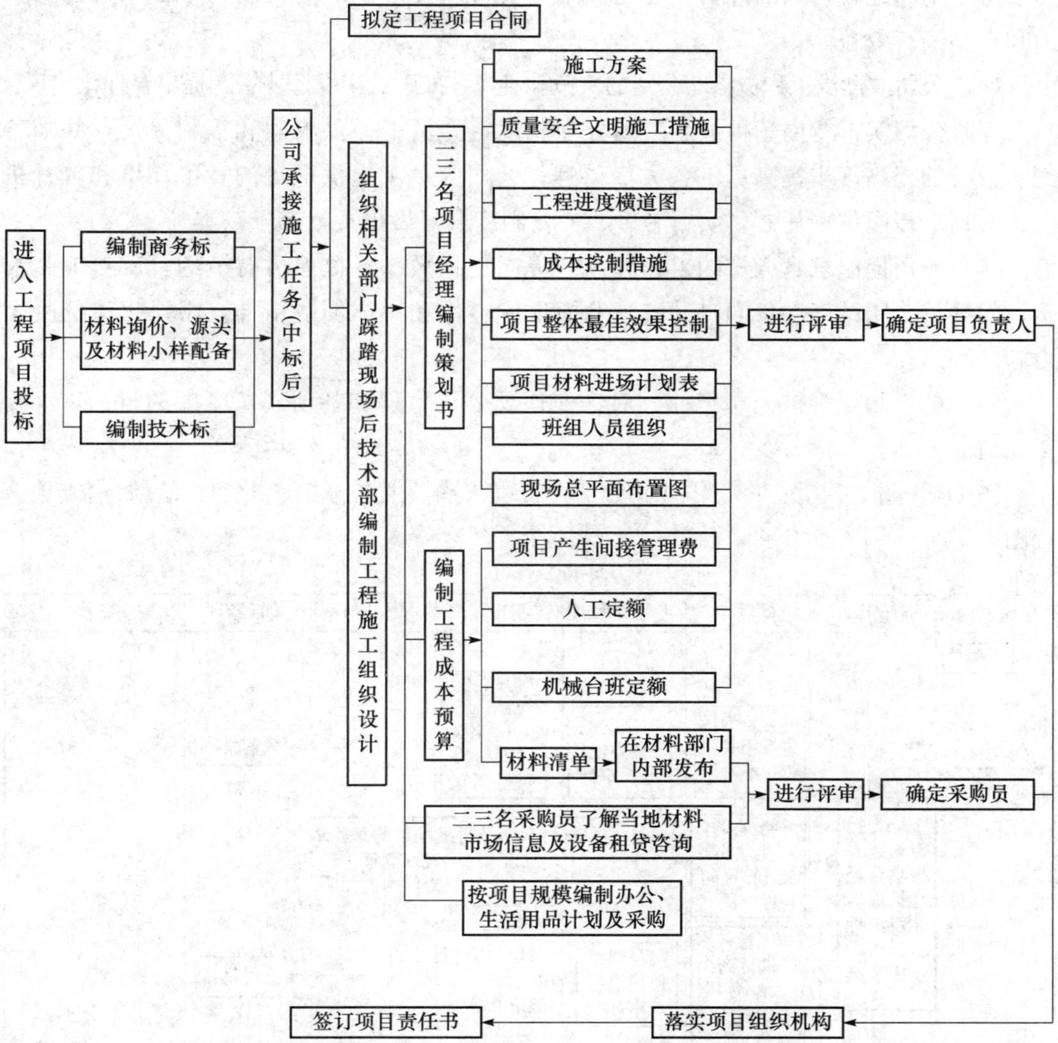

图 1-5　园林工程承接流程图

第三节　园林工程公司的管理文化总则

为加强公司的规范化管理，完善各项工作制度，促进公司发展壮大，提高经济效益，根据国家有关法律法规及公司章程的规定，特制定本管理大纲。

（1）公司全体员工必须遵守公司章程，遵守公司的各项规章制度和决定。

（2）公司倡导树立“一盘棋”思想，禁止任何部门、个人做有损公司利益、形象、声誉或破坏公司发展的事情。

（3）公司通过发挥全体员工的积极性、创造性和提高全体员工的技术、管理、经营水平，不断完善公司的经营、管理体系，实行多种形式的责任制，不断壮大公司实力和提高经济效益。

（4）公司鼓励员工积极参与公司的决策和管理，鼓励员工发挥才智，提出合理化建议。

（5）公司实行“岗薪提成制”的分配制度，为员工提供收入和福利保证，并随着经济效益的提高逐步提高员工各方面待遇；公司为员工提供平等的竞争环境和晋升机会；公司推行岗位责任制，实行考勤、考核制度，对做出贡献者予以奖励。

（6）公司提倡求真务实的工作作风，提高工作效率；提倡厉行节约，反对铺张浪费；倡导员工团结互助，同舟共济，发扬集体合作和集体创造精神，增强团体的凝聚力和向心力。

（7）员工必须维护公司纪律，对任何违反公司章程和各项规章制度的行为，都要予以追究。

图1-6、图1-7、图1-8、图1-9分别为工程采购、财务报销、考勤、借款/借支单流程图。

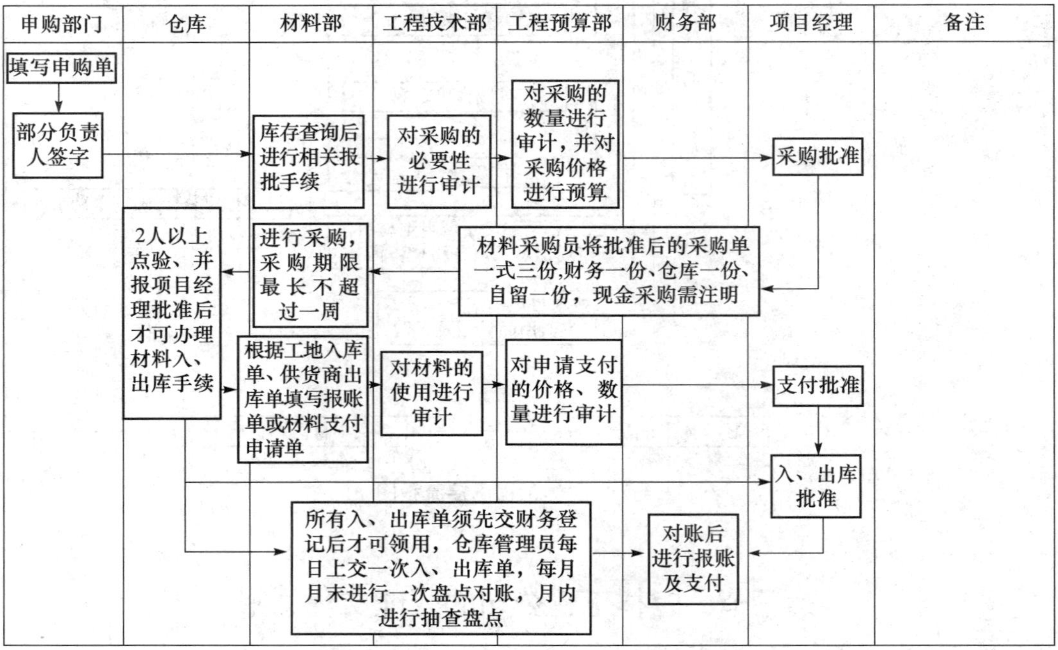

图1-6　工程采购流程图

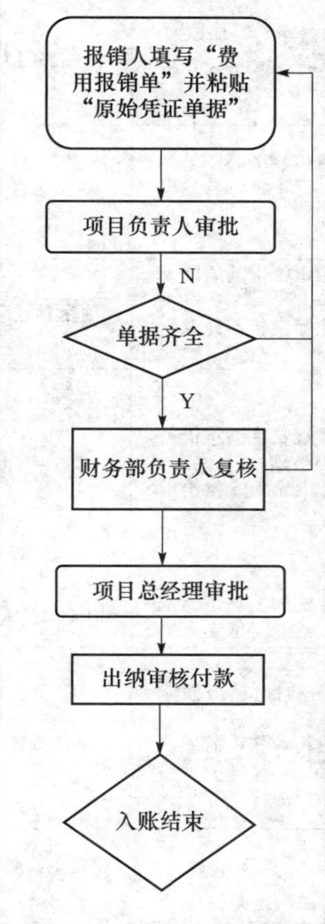

流程图	说明	权责部门
	1. 如果没有特殊原因，在取得票据三天内填写“费用报销单”进行报销。 2. 报销人要按照规定认真填写“费用报销单”。所填写的项目为：日期、用途、金额、合计、金额大小、报销人等。 3. 如果是报销交通费的在“费用报销单”上注明乘车路线。 4. 发票、报销原始单据粘贴在粘贴单上,最后粘贴“费用报销单”。 5. 若有要事说明则备注填写	相关部门人员
	1. 相关人员提交给项目负责人审核签字。 2. 项目负责人必须对以下方面进行审核： 1) 费用产生的原因及真实性； 2) 费用的合理性； 3) 票据及单据的规范性；若发现不符合要求，立即退还给相关报销人员重新整理提报。 3. 若有要事说明则备注填写	项目负责人
	1. 财务部门人员要仔细审核报销人填写格式是否符合要求。 2. 仔细审核报销人的金额和计算是否正确。 3. 审核有无报销人和负责人的签名。 4. 对不符合上述要求的“费用报销单”则退回报销人	财务部门
	1. 项目总经理接到“费用报销单”后首先关注是否有直接负责人和财务人员的签名。 2. 若有直接负责人和财务人员签名则审阅内容。 3. 若同意报销则在报销单上写“同意报销”并签字。不同意则退回给财务人员交给报销人	项目总经理
	1. 出纳需要先关注有无项目总经理签字同意报销。 2. 仔细审核报销人金额填写计算是否正确。 3. 出纳随后根据“费用报销单”总金额支付给报销人	财务部出纳

图 1-7　财务报销流程图

名称	考勤流程图	属性	考勤管理制度	
节点	人力资源部部长	人力资源部	各部门	各班组、个人

1
2
3
4

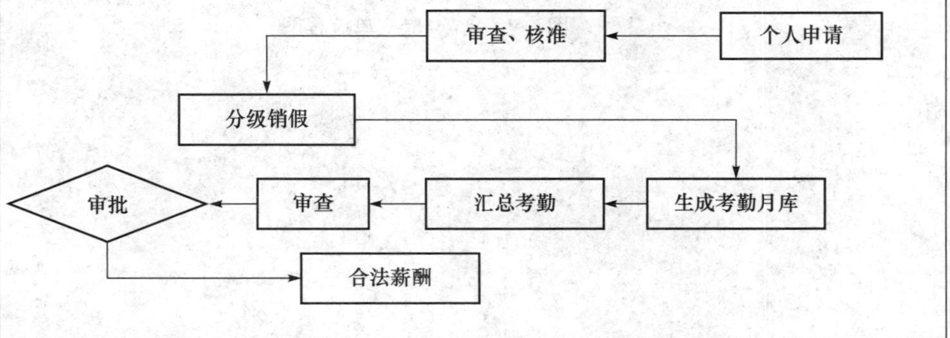

编制		审核		发布	

图 1-8　考勤流程图

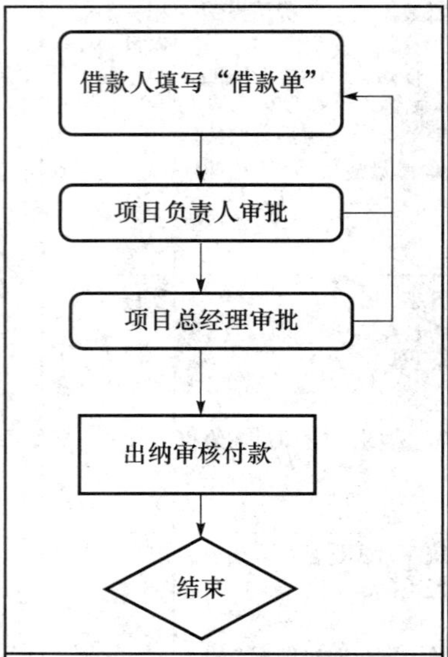

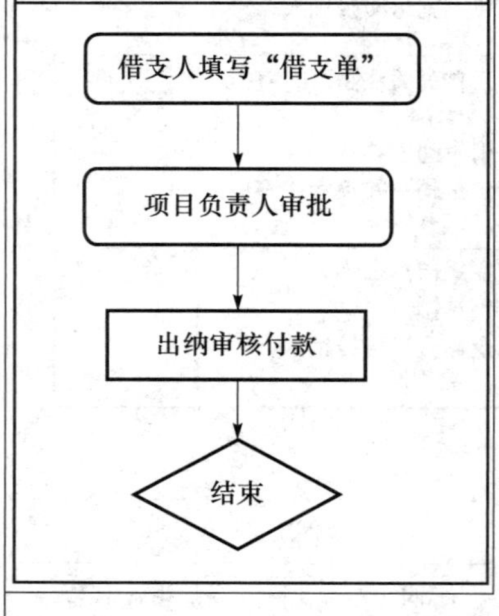

流程图	说明	权责部门
借款人填写“借款单”	借款人要按照规定认真填写“借款单”。所填写的项目为：日期、部门、借款原因、金额、借款人等	相关部门人员
项目负责人审批	1. 相关人员提交给项目负责人审核签字。 2. 项目负责人必须对借款原因进行审核，若发现不符合要求，立即退还给借款人	项目负责人
项目总经理审批	1. 项目总经理接到“借款单”后审核借款原因及金额。 2. 若同意借款则在“借款单”上签字，不同意则退回给借款人	项目总经理
出纳审核付款	1. 出纳需要先关注有无项目总经理签字同意借款。 2. 仔细审核借款人金额填写是否正确。 3. 出纳随后签名并根据“借款单”金额支付给借款人	财务部
借支人填写“借支单”	借支人要按照规定认真填写“借支单”。所填写的项目为：日期、部门、借支事由、金额、借支人等	相关部门人员
项目负责人审批	1. 相关借支人员提交“借支单”给项目负责人审核签字。 2. 项目负责人必须对借支事由进行审核、若发现不符合要求，立即退还给借支人	项目负责人
出纳审核付款	1. 出纳需要先关注有无项目负责人签字同意借支。 2. 仔细审核借支人金额填写是否正确。 3. 出纳随后签名并根据“借支单”金额支付给借支人	财务部

图 1-9　借款/借支单流程图

The second parT

The second parT

第二部分

认识岗位（企业师傅岗前培训）

The second parT

The second parT

入职培训专题3

认识学徒业务岗位

园林工程技术专业培养拥护党的方针政策，掌握园林工程技术领域的专业知识及专业技能，适应从事园林行业园林工程施工与管理、园林景观设计、园林植物栽培养护、园林经营管理等职业岗位需要的人才。其承担着园林种植施工和园林植物养护管理两个能力单元。绿化种植施工技术与养护管理员除具备相关专业知识和日常生产问题处理能力外，还需具备在农村工作与相关人员良好沟通能力、技术措施落实管理执行力、忍耐艰苦生产环境吃苦耐劳精神和一丝不苟的质量管理态度。

（1）园林种植施工养护岗岗位标准（详见附录1）。

（2）园林工程技术专业学徒岗岗位课程标准（详见附录2）。

（3）园林种植施工与养护学徒岗学徒师傅聘任标准与教学指导工作规范（详见附录3）。

（4）园林种植施工与养护学徒岗学徒选拔标准与守则（详见附录4）。

入职培训专题 4
岗位工作技术设备与安全生产

一、岗位工作技术设备

根据施工项目的不同，常用的大型机械设备有载重汽车、起重机、水车、碾压机或打夯机、电锤、破碎炮、挖掘机、打药车；小型机械设备有三轮车、水泵、绿篱机、剪草机、割灌机、播种机、油锯、齿轮切割机、发电机等。

二、种植施工养护学徒岗安全生产要求

1. 业务安全

（1）学徒在企业期间不得将单位的任何保密资料进行转存携带。

（2）未经授权或批准，不得对外提供有密级的公司文件或其他未公开的经营状况、财务数据等。

（3）管好持有的公司涉密文件，对非本人职权范围内的公司机密，应做到不打听、不猜测、不传播。

（4）发现了有可能涉密的现象应立即向有关上级报告。

2. 自身安全

（1）学徒在校或在企业期间不论有无驾照均不允许驾驶机动车辆。

（2）上下班期间严格遵守交通规则，避免发生人身意外。

（3）在施工场地带好防护用具，注意个人及他人安全。

（4）晚上 8 点后不单独外出。坚决杜绝夜不归宿，有一次夜不归宿立刻终止学徒阶段，并按照学院管理规定处理。

（5）学徒在上班期间做好水、电、暖安全，上班前、睡觉前检查水电，确保安全。

（6）做好防火工作，不使用大功率电器。

入职培训专题 5
岗位业务能力要求和培养目标

一、岗位知识要求

（1）掌握园林植物生长习性、生长规律及其养护管理的基本知识。

（2）掌握常见园林植物病虫害发生规律及常用药剂的基本知识。

（3）掌握当地土壤改良及肥料性能的知识。

（4）掌握常用园林机具性能及操作知识。

二、岗位能力要求

（1）了解从事园林绿化工作意义与内容，具备吃苦耐劳精神与团队合作意识。

（2）掌握园林绿地施工及养护管理操作规程和规范，并具备对园林植物进行移栽、修剪、病虫害防治和肥水管理的能力。

（3）能够应用国内外先进的花卉生产技术，具有使用先进的生产工具和机具进行花卉培植的能力。

（4）具有收集整理和总结园林绿化苗木良种繁殖、育苗、养护等经验。

三、岗位技能要求

（1）能识别园林植物 80 种以上。

（2）能按图放样，估算工料，并按规定的质量标准进行各类园林植物栽培。

（3）能安全完成大树移栽，并采取必要的养护管理措施。

（4）能根据植物生长习性对其进行合理修剪。

（5）能正确选择和使用农药，控制常见病虫害。

（6）能正确使用常用园林机具及设备，并判断和排除故障，按照各机具及设备的使用规范，安全操作。

四、岗位职责要求

（1）负责组织指导各管理处完善管理区域内园林绿化图纸资料及维修档案供归档。

（2）负责园林设施正常使用和绿化养护的技术监督和指导。

（3）制定园林设施、绿化大中修计划，报经批准后组织实施。

（4）负责园林设施的小修、绿化补种的技术指导。

（5）负责制定和完善公司内部与园林设施安全使用、工程管理、维修管理及技术资料归档有关的管理制度。

（6）负责由工程部负责的本专业改造工程的组织施工、安全监督、验收及结算。

（7）负责本专业相关项目的费用控制、审核和经济分析。

（8）完成公司领导及部门交办的其他任务。

入职培训专题 6

制定学徒培养计划

一、学徒工作计划

养护管理包括两个方面：养护和管理。人们形容花木的种植施工与养护管理为“三分种植，七分养护”。即根据不同花木的生长需要及景观的要求及时对花木进行施肥、浇水、中耕除草、修剪、栽培、病虫防治等工作，1～2 个月一次，每年不少于 6 次。高温季节，除了早晚浇水保苗外，还将通过对新种苗木搭建遮阳棚，大树主干捆扎草绳、疏枝等技术措施，增加保湿度，提高抗旱性能，确保苗木成活率。对于绿地内的垃圾及时进行清理。

一个园林的栽植工程施工方案可分做以下几步：

（1）场地准备：场地清理→换土→场地初平整→种植前土壤处理

（2）苗木准备：选苗→起苗→包装→苗木运输→临时假植→种植前修剪

（3）苗木种植：定位放线→挖种植坑→栽植→支撑→修剪→浇水

（4）草坪的种植：场地准备→铺设草坪达到要求→草坪的技术性养护

（5）施工养护。

园林绿化施工进度计划详情见图 2-1。

养护管理要做到“养护及时，管理从严”。按季节、环境、景观要求，采取适时、适地的科学养护措施，达到用工少，收效大，成本低，提高养护质量。对绿地一草一木严格保养和管理，维护园林管理规则。绿化工程的养护工作在绿化工程中是非常重要的工作，其养护工作进度安排也需要按月按时进行养护（表 2-1）。

施工进度计划表

阶段		项目内容	开始时间	持续天数	完成时间	施工总天数(30天)																													
						1	2	3	4	5	6	7	8	9	10	11	12	13	14	15	16	17	18	19	20	21	22	23	24	25	26	27	28	29	30
1	准备阶段	现场测量放线、材料定额、计量	1	2	2	■	■																												
		材料订购：水电通	2	2	3		■	■																											
2	施工阶段	土方开挖	2	3	4		■	■																											
		电气线路、给排水管道施工	4	4	7			■	■	■																									
		地形整理	5	5	9					■	■																								
		木平台基础、水景防水	8	8	15						■	■	■	■																					
		建筑小品、水景装饰	20	8	27														■	■	■	■	■	■											
		园路地基修筑	8	5	12								■	■	■																				
		广场拆除铺装	17	12	28											■	■	■	■																
		种植土回填	12	3	14												■	■	■																
		土壤平整	14	2	15														■	■															
		定点放线	16	4	16																■														
		灯具安装	17	4	20															■	■	■													
		苗木的运输	21	2	22																			■	■	■									
		苗木种植前修剪	23	2	24																						■	■							
		苗木种植	24	5	28						■	■															■	■	■						
3	验收	通水、通电试运行	28	1	28																														
		验收移交	29	2	30																										■	■			

图 2-1　园林绿化施工进度计划

表 2-1　绿化施工养护岗学徒工作计划

月份	气候特点及植物生长状态	工作具体安排
1月 （小寒、大寒）	全年中气温最低的月份，露地树木处于休眠状态	1. 冬季修剪：根据管区苗木的整体情况全面展开对落叶树木的整形修剪作业，对国槐、法桐等乔木上的枯枝、伤残枝、病虫枝及妨碍建筑物的枝杈进行修剪，对于较大的剪口进行封堵处理； 2. 绿地养护：及时清理树穴、草坪内的垃圾、杂草并集中销毁。街道绿地、花坛等地要注意挑除大型野草；草坪要及时挑草、切边；绿地内要注意防冻浇水； 3. 防治害虫：冬季是消灭园林害虫的有利季节。可在树下疏松的土中挖集刺蛾的虫蛹、虫茧，集中烧死。1月中旬的时候，蚧壳虫类开始活动，但这时候行动迟缓，我们可以采取刮除树干上的幼虫的方法。在冬季防治害虫，往往有事半功倍的效果
2月 （立春、雨水）	气温较上月有所回升，树木仍处于休眠状态	1. 养护基本与1月份相同； 2. 修剪：继续对管区内苗木的枯枝、病枝进行修剪。月底以前把所有树木修剪完毕； 3. 防治害虫：继续以防刺蛾和蚧壳虫为主
3月 （惊蛰、春分）	气温继续上升，中旬以后，树木开始萌芽生长	1. 春灌：进入春季天气干旱多风，植物蒸发量大，为防止春旱，对管区内绿地浇返青水，水量要大、要足；

续表 2-1

月份	气候特点及植物生长状态	工作具体安排
3月 （惊蛰、春分）	气温继续上升，中旬以后，树木开始萌芽生长	2. 施工：春季是植树的有利时机。土壤解冻后，应立即抓紧时机植树。植大小乔木前做好规划设计，事先挖（刨）好树坑，要做到随挖、随运、随种、随浇水。种植灌木时也应做到随挖、随运、随种，并充分浇水，以提高苗木存活率； 3. 施肥：土壤开始解冻，可对管区内植物施用复合肥作为基肥并灌水
4月 （清明、谷雨）	气温继续上升，树木均萌芽、展叶，开始进入生长旺盛期	1. 四月上旬应抓紧时间种植萌芽晚的树木，对冬季死亡的灌木应及时拔除补种，对新种树木要充分浇水； 2. 浇水：继续对养护绿地进行浇水； 3. 施肥：对灌木结合灌水追施复合肥； 4. 修剪：剪除冬、春季干枯的枝条； 5. 防治病虫害：对管区内的花灌木喷洒石硫合剂，预防病虫害的发生； 6. 绿地内养护：及时清理绿地内的杂质，注意大型绿地内的杂草及攀援植物的挑除，对草坪也要进行挑草及切边工作； 7. 草花：迎“五一”替换冬季草花，注意做好浇水工作； 8. 其他：做好绿化护栏油漆、清洗、维修等工作
5月 （立夏、小满）	气温急剧上升，树木生长迅速	1. 浇水：树木展叶盛期，需水量大，需适时浇水，见湿见干； 2. 修剪：修剪病虫枝，清理宿根苗木，黄杨、女贞等绿篱进行整形修剪； 3. 防治病虫害：国槐尺蠖、美国白蛾在5月中下旬开始发生，可喷洒溴氰菊酯乳油2 000～3 000倍液进行防治
6月 （芒种、夏至）	气温高，蒸发量大，虫害、病害严重	1. 浇水：植物需水量大，要及时浇水，不能“看天吃饭”； 2. 施肥：结合松土除草、施肥、浇水以达到最好的效果； 3. 修剪：对管区内苗木进行疏枝修剪，减少病虫害的发生。对绿篱、球类及花灌木定期进行修剪； 4. 排水：有大雨天气时及时排除低洼处的积水； 5. 防治病虫害：六月中下旬刺蛾进入孵化盛期，采用50%杀螟松乳剂500～800倍液喷洒。红蜘蛛、蚜虫对桃树、紫叶李等为害严重，可采用阿维哒螨灵600～800倍液、吡虫啉600倍液进行喷洒； 6. 做好树木防汛前的检查工作，对松动、倾斜的树木进行扶正、加固及重新绑扎； 7. 根据草坪长势20天左右修剪一次，修剪完成后及时浇水，适时施氮肥等速效肥

续表 2-1

月份	气候特点及植物生长状态	工作具体安排
7 月 （小暑、大暑）	气温最高，中旬以后会出现大风大雨情况	1. 雨季期间，水分充足，但要注意天气变化，一旦碰到高温天气要及时浇水； 2. 排涝：大雨过后及时排涝； 3. 施追肥：在下雨前可对管区内草坪、宿根苗木施氮肥等速效肥； 4. 防治病虫害：管区内法桐等苗木上的美国白蛾开始大规模泛滥，可采用除虫脲 800～1 000 倍液进行喷洒。榆叶梅、紫叶李等苗木的红蜘蛛的防治可以采用阿维哒螨灵 600～800 倍液、吡虫啉 600 倍液交替进行喷洒； 5. 根据草坪长势 15 天左右修剪一次，修剪完成后及时浇水，注意草坪病虫害的发生
8 月 （立秋、处暑）	高温天气	1. 排涝：大雨过后对低洼处及时排涝； 2. 修剪：对管区内树木进行适时修剪，要对女贞、黄杨、小檗等绿篱进行造形修剪，及时摘除宿根花卉的残花； 3. 中耕除草：杂草生长旺盛，及时进行除草，并可结合除草进行苗木施肥； 4. 防治病虫害：注意蚜虫、红蜘蛛对灌木类苗木的为害；潮湿天气要注意白粉病及腐烂病对黄杨、月季、海棠类苗木的为害；可采用英纳 50%可湿性粉剂 400～600 倍液均匀喷洒、腐必治 500～600 倍液均匀喷洒
9 月 （白露、秋分）	气温有所下降，迎“国庆”做好相关工作	1. 修剪：绿篱造形修剪。绿地内除草，草坪切边，做到树木青枝绿叶，绿地干净整齐； 2. 施肥：对一些生长较弱，枝条不够充实的树木，追施一些磷钾肥； 3. 防治病虫害：美国白蛾成虫发生严重，做好虫卵清除工作； 4. 节前做好各类绿化设施的检查工作
10 月 （寒露、霜降）	气温下降，十月下旬进入初冬，树木开始落叶，陆续进入休眠期	1. 做好管区内苗木防寒的准备工作； 2. 绿地养护：及时去除死树，及时浇水。绿地、草坪挑草、切边工作要做好。苗木生长不良的要施肥； 3. 防治病虫害：继续做好美国白蛾虫卵的清除工作
11 月 （立冬、小雪）	土壤开始夜冻日化，进入冬季	1. 做好冬季防寒的施工工作，根据天气情况，按照养管防寒的做法实施； 2. 浇水：对管区内所有苗木及草坪在土壤封冻前一定要浇灌封冻水，要浇透浇好
12 月 （大雪、冬至）	低气温，开始冬季养护工作	1. 冬季修剪：对常绿乔木、灌木进行轻修剪； 2. 消灭过冬病虫害； 3. 做好明年调整工作准备； 4. 北方风大，及时对常绿乔木，绿篱，球形灌木及造形树做好加固防寒

二、学徒学习计划

表 2-2　学徒学习工作计划

序号	工作任务	学习内容与学习要求	活动设计
1	现场准备与定点放样	1. 了解当地主要绿地植物的景观用途 （1）了解乔灌木在绿地造景中的应用（种植设计原则、应用形式、种植艺术） （2）熟悉乔灌木的种植形式（孤植、对植、列植、丛植、群植、林植、散点植、植篱等） （3）了解其他绿地植物在造景中的应用	1. 当地主要绿地植物景观用途调查
		2. 能看懂施工设计图，领会设计意图，了解植物种植设计图纸的类型 （1）理解植物在种植设计图纸中的表示方法 （2）初步了解绿地植物种植设计的基本方法（设计过程、种植设计生态方法、立地条件、植物选择和植物配置）	2. 施工设计图的理解和分析
		3. 能根据施工设计图纸收集相关的技术和自然资料，了解技术和生产准备的有关事项 （1）了解绿地施工的原则 （2）了解施工前的准备工作	3. 施工前的准备 根据施工设计图纸收集相关的技术和自然资料，了解技术和生产准备的有关事项，编制一份简要的施工组织设计
		4. 能根据施工设计图处理地形 （1）调查施工现场 （2）清理障碍物 （3）改造和整理地形（土方工程）	4. 地形处理 分组协作，调查施工现场，清理障碍物，并根据施工设计图纸改造和整理地形
		5. 会根据施工设计图定点放样 （1）了解绿地测量的基本知识 （2）会进行规则式绿地的定点放样 （3）会进行自然式绿地的定点放样（平板仪定点法、交会法、方格网法等）	5. 定点放样 分组协作，根据施工设计图纸进行定点放样
2	移植管理	1. 能根据施工图纸所列植物种类、数量和规格按技术规程准备苗木 （1）会选择苗木 （2）能熟练进行移前修剪 （3）会拢冠	1. 起苗前的准备 按照提供的施工图纸所列的植物种类、数量和规格正确选苗，并对选择的苗木进行一定量的移前修剪和拢冠训练

续表 2-2

序号	工作任务	学习内容与学习要求	活动设计
2	移植管理	2. 能按技术规程栽植各类绿地植物 (1) 了解绿地植物移栽成活的原理 (2) 能确定当地各类绿地植物栽植的适宜时期 (3) 能熟练挖掘苗木（带土球起掘法、裸根起掘法和带宿土起掘法） (4) 了解苗木装运的操作环节 (5) 能正确挖掘种植穴 (6) 会假植苗木 (7) 能熟练栽植苗木（栽植方法、栽植注意事项） (8) 了解大树移植的技术要点	2. 苗木的移植 挑选有代表性的中小型乔木和灌木，按技术规程进行起苗（尤其是起苗方法：带土球、裸根、带宿土）、运输、挖穴并种植
		3. 能对种植后的绿地植物采取合理的固定、遮阴及灌水等技术措施 (1) 能对种植后的苗木采取必要的固定及遮阴等防护措施 (2) 能对种植后的苗木及时灌水 (3) 能及时进行苗木的栽后整形修剪	3. 苗木种植后的养护 对栽植的苗木采取合理的固定、遮阳、栽后整形修剪及灌水等技术措施
3	养护管理	1. 能根据绿地植物生长特性合理施肥 (1) 了解绿地植物的不同生长期对肥料需求状况的一般规律 (2) 能根据绿地植物（尤其树木）的生长特性正确运用施肥方法	1. 绿地植物的施肥 分组操作，选择当地有代表性的不同绿地植物，根据其生长特性合理施肥并相互交流
		2. 能根据不同绿地植物特性进行水分管理 (1) 了解当地绿地植物对水分需求的一般规律 (2) 能根据当地绿地植物的特性确定灌水期、灌水量、灌水方式和方法并掌握灌水要点 (3) 能根据当地的气候特点和绿地植物的生长特性采取必要的排水措施	2. 绿地植物的水分管理 根据不同绿地植物的特性进行水分管理
		3. 能对不同的绿地植物进行越夏和越冬防护 (1) 能根据当地的气候特点和不同绿地植物的生长特性采取必要的越夏防护措施 (2) 能根据不同绿地植物的生长特性结合当地的气候特点采取必要的防寒防冻措施	3. 绿地植物越夏和越冬防护 根据绿地植物的生长特性，结合当地的气候特点，采取正确的越夏和越冬防护措施

续表 2-2

序号	工作任务	学习内容与学习要求	活动设计
3	养护管理	4. 能根据不同绿地植物生长特性结合绿地配置要求整形修剪各类绿地植物 (1) 简要了解树体结构与枝芽特性 (2) 能根据绿地植物的生长特性确定整形修剪的时期 (3) 能正确运用修剪方法与修剪技术修剪绿地植物 (4) 能正确运用整形的方式与方法对绿地植物进行整形 (5) 能采取正确的整形修剪程序和顺序对绿地植物进行整形修剪 (6) 能对当地常见的各类绿地植物进行整形修剪（行道树、庭荫树、球形植物、绿篱、草坪、花灌木或乔木）	4. 绿地植物的整形修剪 按乔木、花灌木、球形植物、绿篱（每人 2000 m^2 以上）和草坪（每人 30 m^2 以上）等各类绿地植物及配置要求进行整形修剪操作技能的强化训练
		5. 了解绿地植物其他养护管理技术（松土除草、补植等）	

（一）具体的专题研究计划

（1）园林树木的基础知识专题研修计划；

（2）花卉的基本知识专题研修计划；

（3）园林植物的配置专题研修计划；

（4）园林绿化施工与养护管理专题研修计划；

（5）园林植物主要病虫害及防治专题研修计划；

（6）园林机械种类及使用要求专题研修计划；

（7）种植施工养护岗所需法律知识专题研修计划；

（8）种植施工养护岗安全生产专题研究计划；

（9）企业经营管理专题研究计划。

（二）园林绿化施工与养护管理专题研修计划

1. 研修目标

通过学习，具有园林绿化施工与养护初级工理论知识与操作技能。

具体要求：理论知识上具有植物、土壤肥料、植物病虫害等基础知识，并能结合当地常见的园林树木、花草种类，掌握它们的形态、习性及栽培养护基本知识。操作技能上能熟练进行绿化种植、养护等基本工作，工作质量、进度达到规范要求。

2. 研修内容

植物学基础：从植物的基本组成开始，讲述植物六大器官的形态结构与类型，为认识掌握常见园林植物打下理论基础。

土壤肥料基础：从土壤的基本组成开始，讲述土壤的理化性质与水、肥、气、热情况；从植物营养条件开始，讲述无机、有机肥料的种类、特点及施用技术知识。

植物病虫害基础：从园林害虫与园林植物病害的基本知识开始，讲述当地园林植物常见病虫害的主要种类、发生为害特点及防治技术要求。

园林绿化概论：讲述园林绿化意义、范围及绿化规划设计、施工种植及养护管理等一般知识。

园林植物基础：结合植物学基础知识，讲述当地常见树木和园林花卉的形态、习性及种植、养护技术知识。

技能培训：

（1）园林机具：对当地常用园林工具、机具的性能及使用、装配维护保养技术进行培训。

（2）植物病虫害：对当地主要病虫害的种类、为害情况及防治技术进行培训。

（3）园林植物：对当地主要园林树木、花草的种类识别进行培训。

（4）种植、移植：对当地主要园林树木、花草移植技术进行培训，以树木移植（包括挖掘、土球包扎、种植）为主。

（5）养护技术：对各类绿地的养护技术（包括肥水管理、整形修剪等）进行培训，其中修剪技术可结合弹簧剪（或双剪）、大草剪的工具使用培训。

3. 具体措施及安排

（1）每周利用 1～2 个小时自学各类理论知识，并做好要点笔记，写在专门的笔记本上。

（2）经常反思自己的学习行为和管理行为，不断地总结经验，找准不足之处，写好教学反思和案例，促进自己的不断进步。

（3）在工作中对自己严格要求，决不松懈。

课时与学习天数分配参见表 2-3。

表 2-3　课程与学习天数分配表

序号	时间设置	时长/天
1	植物学基础知识	4
2	土壤肥料基础知识	4
3	植物病虫害基础知识	4
4	园林绿化概论	2
5	园林植物基础知识	10
6	技能操作	3
总课时		27

The third parT

The third parT

第三部分

学徒工作学习任务（学徒实践项目）

The third parT

The third parT

任务 1　园林种植施工图判读与种植方案编制

【专业知识准备】

一、园林种植设计、施工图的概念和原理

（1）种植施工图见图 3-1、图 3-2、图 3-3（具体内容可参考《图解园林施工图系列 种植设计》）。

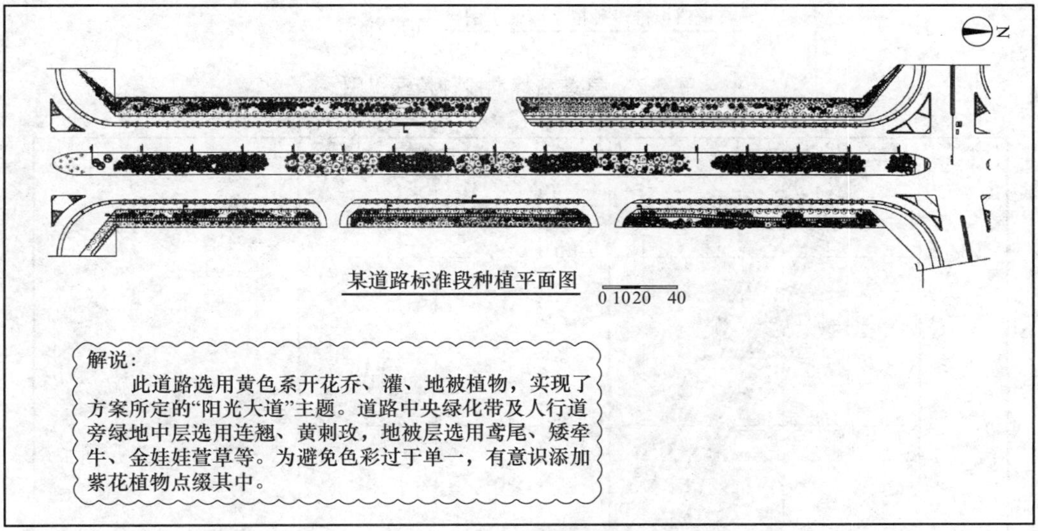

图 3-1　某道路标准段种植平面图

①总种植图上乔、灌、地被叠加，表达植物总体布置形式、总的疏密关系，使施工人员对植物设计形成总体印象，总图上应有指北针、比例、图名等内容，使读图者明了设计区域的朝向，了解种植区域的阴阳面，以及大体尺度。带风玫瑰的指北针能反映风向及其强弱关系，对于有风灾的地区应尽量使用。

②分区图：种植设计施工图通常以分区图的形式出现，分区图的内容应包括种植设计图、图名、比例、指北针、该图在总图的位置索引图，并带“本图在总图的位置”字样。制图要求从苗木图例、图幅与出图比例、连线及标注线、种名标注、数量标注、图面美观、平面定位及图纸设计深度标准考虑。

③其他种植施工设计图作为绿化种植的配套工程，可以另外设计，如景观设计图、道路广场设计图、水景设计图、电气线路图、园林小品设计图、管线设计图、园林建筑设计图、厕所设计图、雕塑设计图、花坛设计图、花境设计图、喷泉设计图、花架设计图、假山设计图、亭子设计图等。

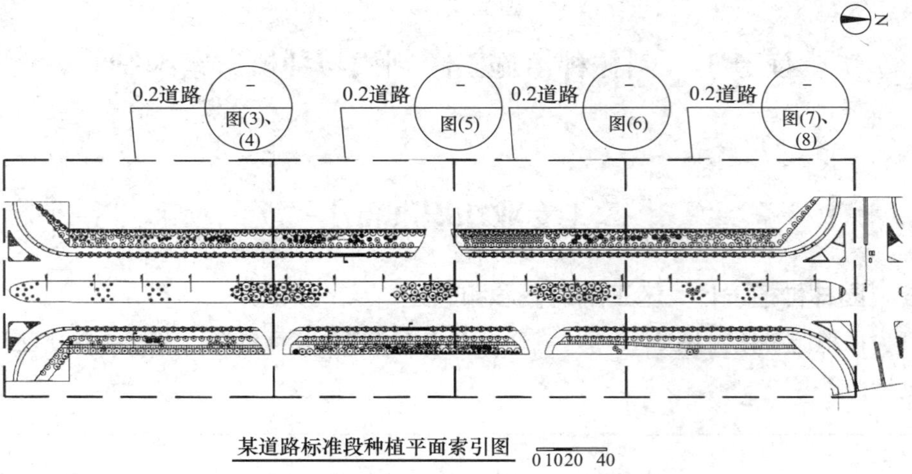

图 3-2 某道路标准段种植索引图

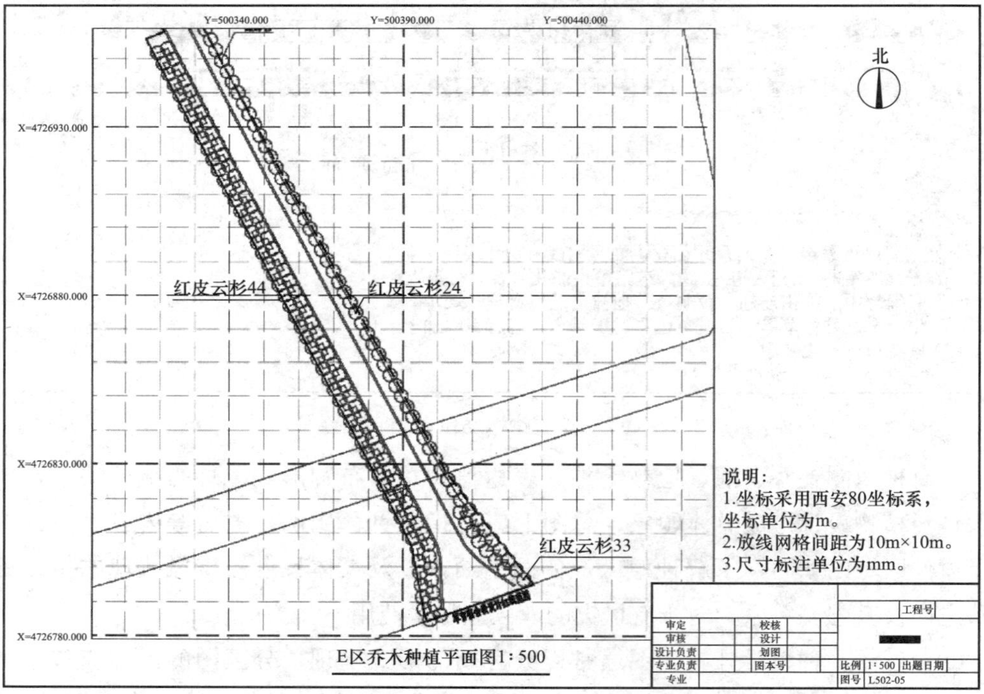

图 3-3 某道路标准段乔木及乔木平面

二、园林种植施工图识图技能要求

1. 熟悉施工图的作用和特点

（1）设计施工图要求清晰、内容完整。设计施工图要有标注、图例完整、比例尺明确，各个部分所涉及的绿化要求明确，便于施工过程中正确执行。作为一名项目经理、施工员、技术指导员、工程监理，在具体指导、落实、督促、检查项目实施过程中，需要正确理解、读懂和明确园林设计施工图各个部分的含义。

（2）明确图样组成以及其中每一个图样的具体含义和实施要求，对于设计施工图来说对其有关的标志、标注、图例进行识别。具体来说，要求掌握一些施工图构成的基本元素，明确其含义和位置要求。

（3）园林施工图样是在施工过程中用于直接指导操作的指导性文件，施工设计是在相关园林工程建设任务承担之后，在征得建设单位（业主）同意，在工程实施之前经过论证所确定下来的文件。对于园林工程建设的组织设计、施工管理、放样操作的工作者来说，能独立分析施工图中园林植物配置特征和放样要求，是园林设计员项目技术负责人、工程技术负责人、监理工程师、施工员的基本职业能力和技能，对于指导种植施工实践至关重要。

2. 园林种植施工图读图基本能力

（1）植物之间的空间关系分析施工图的概念：园林种植施工图是指导园林开展种植施工的依据，也是检查、判别施工质量的文件依据，园林设计的指导思想和种植施工要求在图上均能明确表示出来。种植施工图的组成要体现构成元素、施工要求、园林植物的配置特征、种植方式的表达和局部地形、地势的改造。种植施工图是编制施工方案的唯一依据，通过编绘种植施工图以明确施工过程和关键要素，明确种植特点、基本要求、种植点之间的相互关系，落实不同区域的种植布置状况。园林工程种植施工要点，包括种植点位、种植的树种名称和种植植物的配置。以特定的空间组合形式出现，并附相关说明，明确施工要素中植物、建筑和道路、水体之间的相互关系，在确定比例尺和方位、种植区域界定下，完成园林种植施工的具体布置。完成园林种植施工必须有施工依据，施工过程应根据制定的依据进行，只有这样才能保证工程建设的顺利进行。

（2）施工图的识别方法和关键要素：种植施工必须有一定的图样依据，如何识别图样内容，把握图样的结构类型，熟悉图样的基本组成、构成要素，明确图样的指导价值。种植图的构成必须体现施工元素的组成，明确施工元素的含义、具体要求。所以，施工必须按照具体施工标准、程序和要求进行，体现施工的科学性、计划性。图样有方位、比例尺图例、种植单元之间的关联、种植结构、植物配置等组成要素。种植图上要标明等高线、土地平整要求、植物数量、地形地势改造标志等。种植施工图要求各部分内容要有标注，明确施工的基本组成要素，明确施工的组成步骤、要素、程序、施工技术要求等。

（3）判别工程布置状态：根据具体工程施工图，要明确各个部分的布置位置、种植技术要求、种植特点和种植区环境状况。识别施工图包括总体把握施工图整体布置、施工环节和施工要素分配，明确不同标段的施工程序和苗木配置要求，落实施工进程即时间分配，以便顺利开展具体实施。在给定施工范围和种植规范的条件下，要求施工图具有明确的施工技术参数，能正确识别施工图各个部分之间的相互关系，明确种植次序、程序及要求。根据不同的区域和施工标段，判别施工材料、人员的选配、调配，机械进场和使用，苗木施工放样规范，种植施工阶段安排等，落实施工详细方案。

三、园林工程种植施工方案编制的知识和原理

根据绿化工程的规模和施工项目的构成特点、复杂程度制定的施工方案，在计划的内容上尽量考虑得全面而细致，在施工的措施上要有针对性和预见性，文字上要简明扼要，抓住关键，其主要内容有以下 10 点。

(1) 工程概况：包括工程名称、施工地点、工程建设时间；设计意图；工程的意义、原则、要求以及指导思想；工程的特点及有利和不利条件；工程的内容、范围、工程项目、任务量、投资预算等。

(2) 施工的组织机构：参加施工的单位、部门及负责人；需要设立的职能部门及其职责范围和负责人；明确施工队伍，确定任务范围，任命组织领导人员，明确施工制度和相关要求；根据工作量确定劳动力人数及其来源等。

(3) 工程建设进度网络计划：网络图或横道图是园林工程建设进度控制的关键，需要按照事先规定的要求布置任务，在中期进行检查，这时往往需要根据具体实施过程和方法调整进度，但是需要征求有关部门的同意许可，不可擅自调整工期。园林建设工程项目进度计划（工期）即进度需要以醒目的标志来反映，目前主要采用的方式有横道图、工程网络计划中的双代号时标网络计划、单代号网络图。

(4) 施工进度安排和检查：施工进度分为总进度、单项施工工程的进度，要确定其起始、终止日期，会编制种植施工横道图，见表 3-1。

表 3-1　园林种植施工进度横道图

场地平整	灌木种植	乔木种植	园路、水景	小品、围栏	草坪铺设	工程收尾
施工进度安排						
7 天	16 天	18 天	28 天	8 天	7 天	5 天

(5) 材料、车辆和工具供应计划：根据工程进度的需要，提出苗木、车辆和种植设施，设备的数量、规格、型号和使用期限等，明确机械车辆使用状况，包括车辆台数、型号、功率，日用台班数及具体使用日期，以及维修措施，人员落实。

(6) 劳动力计划：根据工程任务量及劳动定额，计算出每道工序所需要的劳动力和总劳动力，并确定劳动力的来源、使用时间及具体的劳动组织形式。

(7) 施工预算：以设计预算为主要依据，根据实际工程情况、质量要求和施工运行当时的市场价格，编制合理的施工预算。

(8) 技术和质量管理措施：制定技术规程、操作细则、施工中针对具体工程的特

殊要求及规定；确定质量标准及种植施工苗木的成活率；进行技术交底，提出技术培训的方法，制定种植质量检查和验收的办法。

（9）绘制施工图现场平面图：在判读种植设计施工图的基础上，为了解施工现场的全貌，便于对施工的指挥，使施工管理有序，在编制施工方案时，应绘制施工现场平面图。标明施工交通路线，放线的基点，材料、树木、花草的存放位置，苗木假植地点，水源、电力保护、配电设施、临时工棚和厕所位置。

（10）安全生产制度：建立、健全、保障安全生产的组织；明确责任制和落实责任人；制定安全操作规程；制定安全生产的检查和管理办法。

四、园林工程种植施工方案检查

施工方案内容的制定，需要结合具体的施工项目特点，具体分析工程特点。另外，生产单位管理体制改革、生产责任制、全面质量管理办法和全员管理等措施实施，需要对于工程实施的内容进行全面检查和分析。为提高管理质量和水平，可以采纳 PDCA 循环的质量管理模式，把质量管理和经济效益挂钩，保证种植施工内容的科学性，以及实施的可行性。

五、园林种植施工方案的编制体例

1. 施工方案所包含的基本内容

在一定范围内，根据设计方案所确定的材料、设施、辅助设施材料，具体编撰一份关于施工建设的详细方案，涉及园路、建筑小品、假山、水体、园林植物（乔木、灌木、草坪、花卉、藤本、水生植物等），把材料种类、数量、单价（通过市场询价）、规格和使用方式通过明细表的形式表述出来，这就是种植施工方案。

2. 施工方案所含的六个基本部分

（1）了解设计意图和工程概况。通过工程范围，辨明施工组织机构、工程特点、领导机构。

（2）工程进度计划编写。如一个工程进度为 60 天，可以细分为若干阶段。每一阶段有重点任务，整个施工阶段可以把重要、难度大的任务提前施工。

（3）材料和工具供应计划。提出苗木、工具、材料的供应计划，包括用量、规格、型号、使用期限。

（4）工程造价初步预算。将分项分部工程造价进行计算，每项内容细化，如道路、苗木、建材等。

（5）劳动力计划安排，机械运输计划制订，技术、质量管理、安全生产施工制度编制落实。

（6）施工现场人员组织机构。包括项目经理、施工员、材料员、安全员、监理人员、技术员等明确。工程验收程序、验收质量标准，向各班组说明。项目完成之后一次性验收合格。

【绿化种植施工图案例】

绿化配置图纸

1.行道树种植要求

行道树配置平面图

配置要求：相邻两株植物之间的间距及每株植物与道路之间的间距都应相等，不可小于4 m。

种植要求：依配置要求种植，若遇到下水管道等阻碍物时。适当调整间距；且苗木的分枝点高度必须一致，(误差在20 cm以内)，自然高度应基本一致，出现不一致时，应将较高苗木种植在树列中间位置，使林冠线呈平滑的拱形，杜绝形成凹形。

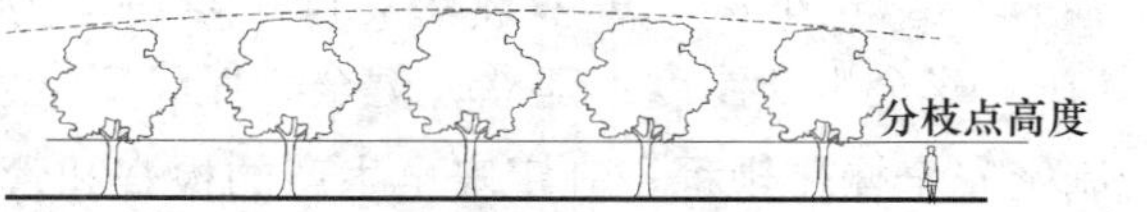

行道树种植立面图(正确)

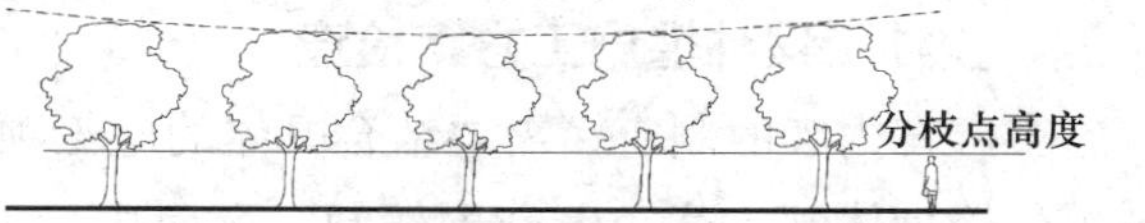

行道树种植立面图(不正确)

一般平面配置形式效果分析

2.自然搭配的植物种植要求

自然搭配的植物配置平面图
(同种植物图标的大小反映植物的高低)

自然搭配的植物种植效果分析图

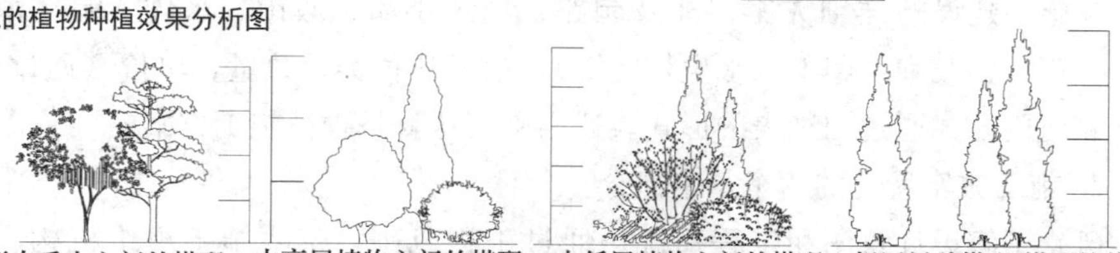

不同形态乔木之间的搭配
要求：竖向植物的高度是横向植物高度的4/3以上

中高层植物之间的搭配
要求：植物的体量相当，在空间上达到平衡

中低层植物之间的搭配
要求：植物的体量相当，在空间上达到平衡

相同树种搭配(塔形植物)
要求：植物的高低错落有致，美感强

3.植物拼种的种植要求

拼种的植物配置平面图
(同种植物图标的大小反映植物的高低)

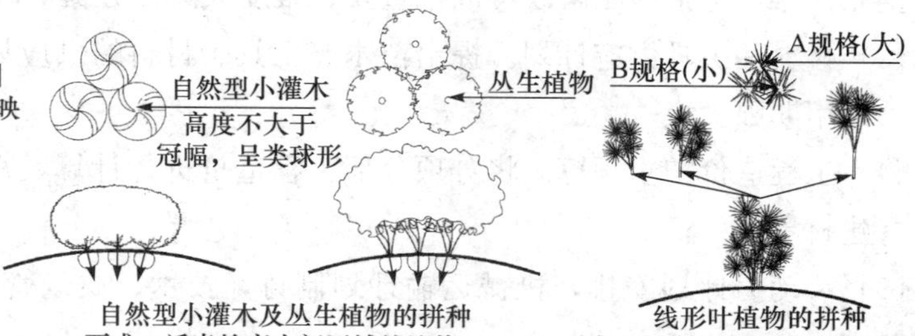

拼种的植物种植效果分析图

自然型小灌木及丛生植物的拼种
要求：适当抬高中间区域的地势，种植时将植物向外倾斜，拼成一大丛，拼种完后再修剪

线形叶植物的拼种
要求：适当抬高中间区域的地势，且植物的高低错落有致，形成一个整体

任务 1.1　种植施工图的植物配置判读

种植施工图中涉及诸多种植放样的信息，能否正确读取与种植有关的信息，对于正确完成工程建设的计量，顺利准备种植施工需要的各种相关材料，合理搭配需要改造的地形、标高、土壤处置、种植环境布置、树种之间的关系有重要作用。

【任务目标与质量要求】

通过判读，应能正确获取标明的树种种植点位、配置方式、种植环境以及与工程种植有关的植物布局信息，因而种植施工图是指导工程具体实施的第一手图样。苗木放样也必须严格依据施工图的测设、标绘要求进行，在施工时需要进行地形改造，土方量计算，挖穴，微地形营造，地下管线维护，种植施工点与周边道路、建筑的关系处理，尤其是配苗、放样这两个基本过程更加需要严格依据种植施工图真实体现出设计思想。在施工之前，需要全面审视、正确判读与工程对应的种植施工图，获取种植材料、种植布置、种植设计要求等相关信息，获取与种植设计施工有关的材料、技术保障、环境布置等信息，从而实现加快施工进度、保证施工质量、保证实现施工规范、减少施工成本、提高工程经济效益和社会效益的目标。

【学习产出目标】

1. 熟练识别园林种植施工图构成部分元素，判定其组成特征、相互组成的空间结构关系。

2. 辨识园林种植设计施工图、种植设计表现图、种植规划方案图，能阐明园林种植设计平面图的图件构成元素、表现手法。

3. 绘制种植设计施工图，明确种植设计平面图、种植详细图等的编写。能根据种植施工图中基本元素的构成关系，从空间组成、树种搭配、景观特色营造等方面，阐明种植设计的特点。

4. 根据具体种植施工图的特征，正确分析树种类型、树木相互关系、种植植物与环境的关系，比较不同植物之间、植物与环境之间的关系。

5. 根据种植点位分析园林植物的空间组织方式、数量特征和种植整体效果，正确编写园林种植设计说明书。独立分析或组织项目组成员进行种植施工标段的园林植物配置特征分析。

6. 分析园林设计图中植物配置的数量、位置关系，并根据园林设计图示，判别树木规格，包括树冠幅度、干径、地径、年龄等生长量指标。

【工作程序与方法要求】

主要从以下几个组成元素和内容识别和判定：1)检查种植施工图是否完整，封面、目录、设计说明，包括种植设计、施工说明、总平面图的各部分内容。还应检查是否配有施工放线图、竖向设计施工图、植物配置图、照明电气图、喷灌施工图、给水排水施工图、园林小品施工详图、铺装剖切段图等。2)坐标原点确定，指北针方位辨识。3)周边界定，图沿周边长度。4)读懂种植设计说明，讨论、交流设计意图和设计特色，明确对应分幅图样涉及的整个种植施工特点、布局特色等。5)图例和植物名录表，要求根据图例，判断相应种植点的树木名称，同时识别规格包括胸径、高度、冠幅、冠丛直径、草坪、地被的面积等特征指标。植物名录表要求写出植物名称、点位、数量、规格、配置等。6)图样设计人、校正人、审核人、审定人是否完整，签字落款。7)设计图样的具体时间有无或是否正确，要求时间具体到某年某月某日。8)图幅编号是否齐全，编写方式是否符合要求。要求每一小组对照识图的具体规范、流程和要求，完整填写任务实施步骤，完成表格，明确种植施工图样基本元素和构成内容的完整性和正确程序等

要求：给定特定园林种植设计施工图，明确分工和读图基本要求和程序，根据给定图样，分析种植设计施工图的基本组成部分。一般在1∶400或者1∶60比例尺的图样上完成对应识图工作

施工布置区域内的植物布局关系及要求

植物与环境配置分析主要从种植区域内的树木分布，树木周边道路、水体、建筑物和园林小品之间存在的位置关系

要求：环境因素分析具有针对性，正确分析它们与环境的关系。对于不适宜环境的植物提出调整方案，以及具体环境条件的改善措施，如客土使用、排水设施安装、灌溉装置布设、施肥改良土壤等

植物与环境配置分析

能够对种植施工图的主要构成进行设计，包括图例、说明、图幅，同时对于种植区域的道路网、建筑物、地上构筑物、水体、景观小品、附属设施等进行辨别，判定其具体位置以及空间对应关系

种植施工图构成部分及植物构成部分状况分析

分析施工区域内的植物种类、规格、数量、配置方式，以及植物与周边环境的关系，明确植物在施工区域的特色，以及所发挥的作用

要求：按树种的不同详细列出布局特征，并用文字、符号重点标识

【业务知识】

施工图的绘制

1. 总图设计

（1）总平面道路设施定位图：清楚地绘制各道路系统及主要设施的放线基点定位。

（2）总平面放线图：标注总平面中各部分设施、道路、构筑物等的详细尺度。

（3）总平面竖向图：标明总图中各部分的顶标高、底标高、设施构筑物标高、水面及水底标高等。

（4）总平面高程排水图：与竖向图结合，标明地面雨水排水方向、坡度以及雨水收集口的位置。

（5）总平面铺装图：清楚地标注出各铺装材料名称、肌理、规格，铺贴面图案做法。

（6）家具小品布置总平面图：家具、花钵、垃圾桶等摆放位置定位，及其图片选择。

2. 通用设计及详图设计

（1）路牙及铺地材料通用做法，所有铺地材料、道路路牙的通用做法及基层做法汇总。

（2）其他节点通用做法，排水沟、雨水口、花池、台阶、灯具、检修井、取水口等通用做法详图。

（3）各分区平面详图。

①分区平面图需清楚标明铺面材料名称、规格、肌理材料铺法，铺面交接做法需清楚表达，特别是转角处材料交接，所有铺贴材料需与总平面图交圈；

②地面铺装排水放坡方向，坡度比例需表述清楚，雨水收集口位置安排需与总图交圈；

③竖向、尺寸标注完整，各种标高（各类顶、底标高）、平面尺寸不可遗漏；

④平面图必须索引回总平面图，关于细部节点需索引到后续立面及细部详图。

（4）各分区立（剖）面详图。

①分区立（剖）面图需清楚标明贴面材料名称、规格、肌理材料铺法，铺面交接做法需清楚表达，特别是转角处材料交接，所有贴面材料需与总平面图交圈；

②标高、尺寸标注完整，各种标高（各类顶、底标高）、平面尺寸不可遗漏；

③立（剖）面图必须索引回总平面图，关于细部节点部分需往下索引到后续细部详图节点及相关图纸。

（5）各分区细部详图。

①对各种材料名称、规格、肌理材料铺法和铺面交接做法细节需清楚详细的要求；

②细部尺寸标注详细完整，各种倒角、异形材料的详细尺寸不可遗漏；

③细部图必须索引回景观平面详图或立（剖）面详图。

3. 结构设计

（1）分区结构设计需清楚标明各结构部分材料名称、规格、标号，各结构交接做法需清楚绘制，特别是转角处结构交接处，所有结构设计必须与各细部图纸交圈。

（2）对结构设计的尺寸标注需完整，各种标高（各类顶、底标高）、细部尺寸不可遗漏；结构图必须索引回相关细部设计图纸。

4. 软景设计

（1）种植设计总说明：讲述种植设计原则，及其实施质量要求。

（2）苗木种植整地竖向图：对苗木地形质量的要求、地形高度、地形坡度进行详细要求。

（3）苗木排水总图：考虑苗木存活，对需要埋盲管做排水的苗木进行设计说明。

（4）苗木种植大样图：对植物的种植方法，土壤要求，修剪程度及支架搭接方式进行详细设计要求。

（5）苗木种植表：种植表包括苗木名称、图例、规格、数量、备注及技术要求。

（6）植物种植总平面图：乔木、灌木、地被等种植设计在一张图纸上，体现苗木位置的相互关系。

（7）乔木配置平面图：乔木平面图需有明确的文字标注，清楚说明树木类别及数量。

（8）灌木配置平面图：灌木平面图需有明确的文字标注，清楚说明灌木类别及数量面积。

（9）苗木种植方格网定位图：用方格网定位各苗木位置，标注清楚方格网尺度。

5. 给排水设计

（1）给排水设计说明：讲述给排水设计原则，及其实施质量要求。

（2）给水（喷灌）平面定位图：定位给排水位置，并标明服务半径。

（3）给排水管网图：绘制雨水口及管网系统连接方式，管道系统的材料规格及排水导流方向。

（4）给排水细部大样图：绘制给排水细部大样做法，对施工工艺、材料、规格要求清楚详细。

6. 电气设计

（1）电气设计说明：讲述电气设计原则，及其实施质量要求；

（2）电气设施布置系统图：清楚交待灯具、控制箱等电气的布置位置，及回路连接方式；

（3）电气设备电路图：绘制说明各电气电路连接方式、控制方式、布线要求及功率大小要求；

（4）电气设备安装细部详图：绘制各电路设备详细节点做法，对施工工艺、安装方法、材料、规格要求清楚详细；

（5）灯具选型照片：必须提供灯具选型图片。

二、施工图绘图员成本收入

表 3-2　单向分类资料的数据结构

施工图绘图员成本收入（元）	标准（元/月）
成本（元）	
1. 总图设计	3 000～5 000
2. 通用设计及详图设计	3 000～5 000
3. 结构设计	4 000～6 000
4. 软景设计	3 000～5 000
5. 给排水设计	4 000～6 000
6. 电气设计	4 000～6 000

【业务经验】

1. 总平坐标图要点总结

（1）应明确标出各中心、圆心、角点和交叉点的坐标。

（2）弧线放样：标出弧线起始点，中间任意一点的坐标，以便放塑料管时按照“平面三点确定一条弧”的原理放样。

（3）局部的平面图若要求弧线等较难，根据网格放样图精确放样的部分，用坐标图辅助。

（4）局部区域若线条较为复杂，除辅以更细微的网格图外，亦可辅助局部坐标图。

（5）园路、广场等拐角处必须给坐标。

（6）绿化或水电所用到的坐标体系必须与土建完全相同。

（7）CAD 将图的基准点和基准轴移动到（0，0）点命令直接用天正软件里的，必须用静态标注，否则标注一旦移动，数据会发生变化。

2. 平面铺装图要点总结

（1）CAD 填充图案必须与现场做法一样，注意规格、表面、角度。

（2）大面积拼花广场铺装，应有具体规格、尺寸、角度、厚度、表面及铺装的放样，这对于购置材料的数量与施工时的符合性较为关键。

（3）大面积拼花广场的沉降缝须标示出，既考虑功能，又考虑与拼花结合的美观。

（4）大面积铺装图上均须标明横向找坡、排水（消防道中线标高与边缘标高须不同）。

（5）道路铺装，每隔 5 m 设一沉降缝，可用于铺装不同的材料包缝边。

【工作任务实施记录与评价】

表 3-3 制定任务考核与评价方法

考核内容	考核要求与标准	自我赋分	师傅赋分
1. 图幅完整性鉴定（10 分）	（1）能对照图幅辨别对应的方位、比例尺。 （2）会熟练检查图幅编号、设计人、校对人、审核人、审定人。 （3）会对图例规范性进行检查，包括编制施工图的时间、盖章等		
2. 坐标原点选定（15 分）	（1）能根据施工图幅度、种植配置和系统布局状况，选择适宜的坐标原点。 （2）能根据地形图，确定标高。 （3）会依据图上距离和比例尺，在确定坐标原点后，计算关键点的坐标		
3. 识别园林建筑、小品的位置和空间布局关系（15 分）	（1）会正确判定园林建筑、小品的位置。 （2）能对建筑、小品的建造规格进行描述		
4. 道路系统布置判读（25 分）	（1）能识别园路结构小品的位置。 （2）能围绕建筑、小品的组织形式以及空间合理性进行分析。 （3）会分析道路类型、形式		
5. 识别水体、附属设施状况（15 分）	（1）能识别水体的位置、种类和规格。 （2）能判定施工图内附属设施的种类、分布位置。 （3）会分析水体、附属设施与道路、构筑物的空间关系		
6. 植物配置判读（20 分）	（1）会依据种植施工图局部区域，完成植物种类、数量和配置特征分析。 （2）能根据植物配置状况，说明种植时需要提供的树木量和质的要求。 （3）能对种植范围的环境进行判别		
总计			

1. 学徒关键职业能力及职业品质、工匠精神评价

项目	A	B	C	D
工作态度				
吃苦耐劳				
团队协作				
沟通交流				
学习钻研				
认真负责				
诚实守信				

2. 学徒的考核

项目	85分以上	70～85分	60～70分	不合格	权重
种植施工图的内容					50%
种植平面图需要考虑的内容					20%
苗木表需要的内容					15%
与其他施工员及现场工人等的交流与合作					5%
与监理方和甲方的交流					5%
学徒手册					5%
总体评价					

任务 1.2　依据种植施工图编制苗木种植施工计划

种植施工图是指导工程具体实施的第一手图件，在施工之前，需要全面审图、通过正确判读，提出进苗计划，落实苗木来源，编制苗木计划。获取树木种植点位、配置方式、种植环境的处理方法；苗木放线也必须严格依据施工图的测设、标绘要求进行。配苗、放线这两个苗木种植计划实施步骤需要严格依据种植施工图真实意图，体现设计要求，从而加快实现施工进度，保证施工质量，落实施工材料和施工规范，及早编制进苗计划，提前落实苗木来源和种植计划，做到有备无患。

【任务目标与质量要求】

1. 正确读取种植施工图苗木信息（包括种类、数量和规格等）及种植过程中有关的苗木信息。在完成苗木量计算后，能够顺利指导种植施工。

2. 落实苗木进苗计划工作。苗木的数量、质量和规格是基本要素，也是项目核算的基本内容。要根据具体项目落实苗木进苗计划，包括选择苗木、落实生产商（苗圃）、安排好进苗方式、完成必要的苗木造价计量，这对于顺利开展施工实践十分必要。

3. 根据具体种植施工任务，参照图例说明，阐明施工图中植物种类、数量、规格、配置、种植点位，能识别施工图和判别图件要素的关系。

4. 识别种植施工。这是编制预算（施工图预算）的依据，也是施工成本计算的参考，其中园林树木的规格，是编制苗木计划的依据。根据施工图中每一标段、范围内园林植物的种类、数量、配置特征，分析具体状况之后，编制选苗种类、数量，确定规格要求，包括苗木的高度、干径、地径、苗木冠幅、年龄和苗木类型（实生苗、营养繁殖苗）等，落实对应苗木的数量，根据不同苗木的分布生长优势、区域育苗特点和优势，落实拟进苗的地区或苗圃场地，包括运苗方式、保苗措施。根据种植设计施工图中植物布置状况、配置状况，明确苗木种类、数量和规格。把各种植区苗木状况统计汇总之后，在规定种植范围内，提出苗木种类、规格、数量。

【学习产出目标】

1. 能够熟练完成园林种植施工图植物部分的识别，判定苗木种植计划和范围，说明种植区域的植物关系。

2. 会根据种植施工图中植物的布局和特征分析，从树种组成，植物种类，树种规格、数量，草坪、地被等的面积等计算种植区域的植物数量和对应规格。

3. 能根据种植施工图中植物、树木、草坪、地被等的数量和规格特征，编制苗木种植计划，包括落实苗木来源、苗木质量和规格的检查计划。

4. 能根据苗木种植计划，落实相应的苗木检疫、运输、保护措施等。

【工作程序与方法要求】

种植施工苗木使用计划编制	主要开展以下工作内容：① 不同种植区域的植物名录；② 植物种植数量、规格和面积；③ 不同苗木布置，草坪铺设，地被植物，花卉等的使用情况；④ 苗木规格判定，包括胸径或地径、高度、冠幅或冠丛直径，草坪草种类、地被的高度等特征指标；⑤ 苗木来源计划拟定；⑥ 苗木运输计划，包括运输工具和方式；⑦ 苗木种植机械、设备落实和人员安排；⑧ 苗木、花卉、地被或草坪等的种植进度安排，以及质量控制计划	要求：对照种植施工图，完成读图并编制详细的苗木使用计划，落实苗木种类、数量、规格来源等
种植区域环境条件与苗木生长适应性分析	完成苗木生长适应性分析，根据苗木与环境相适应原则，完成必要的设计改造计划	要求：根据具体环境条件，对照设计拟栽植的植物种类

确定苗木来源地，开展选苗、检疫、运输和保护措施	具体苗木种类确定以后，严格控制选苗质量，从生长势、健康状况、树冠大小、树干通直度等指标综合考虑。苗木确定装运目的地之前，需要进行检疫，对照苗木来源地林木检疫对象的病虫害，运用专业监测手段，完成检疫工作。同时，做好苗木运输计划制定，运输工具选择，运输过程中的保护措施，要求对苗木进行有效的保护，实施定期检查制度，尽量减少在苗木起掘、运输过程中的损失	要求：尽量选择乡土树种，以增强适应性
苗木种植设备、技术和人员安排	指挖掘机械、运输苗木车辆、苗木包装材料、抑制蒸发剂使用、修枝设备和工具、苗木种植相关人员安排与培训。种植技术的交底、特殊种植技术处理、苗木处理、场地处理等，落实施工人员，并进行必要的技术培训，制定种植计划，完成种植考核工作	要求：种植环境适应苗木特征，根据苗木种植技术标准种植

【业务知识】

（1）材料进场计划：提前备足 2～3 天用量各种材料，周转备用，提前 3 天严格按施工要求确定材料的规格、品牌、质量和数量等参数。

（2）绿化工程材料的进场计划：所有用于本工程的植物进场前 4 天，我方监理工程师提供苗木图片以及苗木来源地、规格等，以供检验。待我方提供的植物资料得到监理工程师的初步检验认可后，严格按优质、优价的原则进行采购，尤其要把好质量关，植物要达到：

1）无病虫害，生长健壮。

2）苗木树冠以叶冠的主要冠面测量其宽度，不包括偶然伸出的枝条。

3）主景树要形态优美，树干通直度正常，不伤皮、不掉皮、无局部腐朽。

4）花灌木要求内膛多枝，枝条饱满无徒长枝，株形整齐。

5）种源选择：尽可能选择距离项目现场较近的苗源地，确保成活率。

6）树木胸径按规范执行。

【业务经验】

1. 苗木到工地立即组织验收，并请监理工程师到现场逐项检验验收。

表 3-4　主要材料计划表

序号	材料名称	选购时间	运输时间	到场时间	备注
1	表土	开工前两天	开工前一天	开工第一天	
2	基础设施	开工前三天	开工前一天	开工第一天	
3	肥料	开工前两天	开工前一天	开工第一天	主要是有机肥
4	化学物品	开工第二天	开工第三天	开工第四天	
5	草种	绿化工程开工前两天	绿化工程开工第二天	绿化工程开工第三天	
6	草皮	绿化工程开工前两天	绿化工程开工第五天	绿化工程开工第五天	
7	植物	绿化工程开工前三天	绿化工程开工第六天	绿化工程开工第六天	
8	支撑棍等	绿化工程开工前三天	绿化工程开工第六天	绿化工程开工第六天	

【工作任务实施记录与评价】

学徒小组对照种植施工图，分别列出种植范围，使用苗木种类、规格和数量要求，编制进苗计划；落实相应苗木规格，以及苗木产地来源计划、起苗技术、运输计划、苗木质量保证措施等。学徒小组根据种植计划设计要求预先进行讨论，编写针对种植施工图区内种植布局状况，列出苗木使用和运输、质量保证计划，涉及苗木清单、规格表述，苗木来源计划，挖掘方式和措施，运输计划，质量保证计划等，见表 3-5。

表 3-5　制定苗木种植（运输）计划任务考核与评价方法

考核内容	师傅考核要求与标准	自我赋分标准	自我赋分	师傅赋分
1. 工程用苗信息获取与分析（10 分）	（1）苗木规格读取，苗木种类识别。 （2）苗木栽植位置的区别。 （3）苗木总量统计，苗木规格统计标注	（1）根据种植施工图的识别正确性进行相互评定。 （2）要求能对苗木拟种植地点、种植配置方式、种植点环境逐一进行分析，指明特征		
2. 苗木计划来源分析与落实（10 分）	（1）对苗木来源地调查，落实苗木来源。 （2）苗木质量要求。 （3）苗木数量计划	（1）针对不同类型苗木或特色苗木需求计划的落实检查。 （2）确定苗木来源的途径、苗木来源地点选择、苗木用量确定		
3. 苗木的培育计划和育苗方式（20 分）	（1）编制苗木培育计划。 （2）确定育苗手段和具体方法	根据工程绿化苗木种类，落实苗木繁殖方式、大苗培育计划和育苗方式		

续表 3-5

考核内容	师傅考核要求与标准	自我赋分标准	自我赋分	师傅赋分
4. 苗木运输方式和质量检疫（15分）	（1）苗木运输方式、特点、注意事项。 （2）苗木质量检疫措施	（1）根据苗木种类、苗木来源地点与绿化种植施工地点距离等，选择苗木运输方式。 （2）撰写质量检疫书的规范性、完整性		
5. 种植施工用苗的造价估算（25分）	（1）苗木规格、数量统计。 （2）使用苗木栽植成本计算。 （3）苗木造价统计	（1）苗木不同种植区域划分情况是否合理。 （2）苗木种类、规格和单价查询合理。 （3）种植区域施工绿化总价核算		
6. 苗木登记、质量验收制度（20分）	（1）苗木登记的方法和要求。 （2）苗木质量标准和评价。 （3）苗木质量的验收过程和报告	（1）绿化用苗的种类、来源、规格、数量登记。 （2）苗木健康状况登记。 （3）参照绿化种植设计标准，完成苗木质量验收记录和意见反馈		

1. 学徒关键职业能力及职业品质、工匠精神评价

项目	A	B	C	D
工作态度				
吃苦耐劳				
团队协作				
沟通交流				
学习钻研				
认真负责				
诚实守信				

2. 学徒的考核

项目	85分以上	70～85分	60～70分	不合格	权重
种植施工图的内容					50%
种植平面图需要考虑的内容					20%
苗木表需要的内容					15%
与其他施工员及现场工人等的交流与合作					5%
与监理方和甲方的交流					5%
学徒手册					5%
总体评价					

任务 1.3　园林工程种植施工方案的编制

施工方案是根据工程规划设计所制定的施工计划，又称为“施工组织设计”或“组织施工计划”，是开展种植施工的唯一依据。种植施工方案编制涉及内容：踏勘现场，园林树木栽植工程前的准备，完成施工组织设计。包括施工方案确定、作业内容落实、施工现场的准备、种植土地平整、土壤改良计划、苗木落实（含苗木质量要求）。同时做好人员组织、设备到位、编制施工进度与经费预算等系列工作。

【任务目标与质量要求】

根据园林种植施工方案，明确选定区域的种植计划编制，包括苗木、种植方案编制、种植施工计划的制定、种植实施过程等。任务的编制要落实到每一个细节，并明确要求。根据编制内容评定出成绩，指出存在问题、改进方面。

【学习产出目标】

1. 根据具体园林工程施工区域，指定任务，与下达的中标任务书，编制施工方案。

2. 熟练运用有关标准、规范和施工文件，结合具体工程特点，完成施工作业组织设计。

3. 根据种植施工方案，确定施工所需的人员、材料、机械、设备，落实经费安排，完成施工进度计划、质量计划的编制和控制。

4. 根据种植施工方案，完成对施工作业班组的技术交底。

5. 依据相关标准、技术规范和设计任务，编制一份相对完整的施工技术方案，供编制投标标书参考。

【工作程序与方法要求】

步骤	内容	要求
园林种植施工任务解读	园林种植施工任务解读，根据种植施工设计图，判读种植设计点及其环境，要求明确种植范围内对应的树木种类、规格，树木配置点及其数量，空间关系，根据识别结果编制出一份详细的工作计划表，包括用苗情况、苗木质量指标、苗木数量和名称、种植空间的配置关系	要求：种植施工体现工作量安排，明确种植特点及其注意事项，并且能根据特殊施工环境提出种植设计变更计划
种植施工组织所必须具备的条件分析	种植施工组织必须具有物质条件储备，包括施工机械、运输设备、工具、物料等，要求能根据施工区域的环境状况，提供必要的监测设备，以及种植材料的准备，涉及苗木数量和质量状况、苗木检疫状况	要求：针对种植任务，提出人力资源使用计划，及早落实相关技术人员、施工管理人员和操作工人。同时，需要根据种植施工任务，编写经费使用计划，包括单项工程、分部工程等的经费使用计划，落实经费来源
种植施工方案编制的基本要素	种植施工方案编制要素主要包含工程范围、工程量、材料、进度控制、经费计划、质量控制、安全制度、文明施工、人力资源使用计划9个基本要素。重点表现种植施工标段、工程量清单、工程开始时间、竣工验收时间、材料使用计划，以及施工的进度安排，种植工程的质量跟踪、检查和监控指标落实	要求：完整
种植施工方案编制的成果表现	施工组织设计又称为“施工方案”或“组织施工计划”。根据绿化工程的规模和施工项目的复杂程序制定的施工方案，在计划的内容上尽量全面而细致，在施工的措施上要有针对性和预见性，施工作业内容紧扣实际，文字表述要简明扼要，突出关键。涉及工程概况，现场平面图，施工组织结构与网络，施工进度，劳动力计划，材料和工具供应计划，机械运输计划，施工成本预算，技术和质量管理措施，安全生产制度等。确定施工程序并安排具体的进度计划，一般程序是：整理地形，安装给水、排水管线，修建园林建筑，铺设道路、广场，种植树木，铺栽草坪和布置花坛。应在铺设道路、广场之前将大树栽好，以免损伤路面。根据工程任务量和劳动定额，计算出每道工序所需用的劳动力和总劳动力。根据劳动力计划，确定劳动力的来源和使用时间，以及具体的劳动组织形式。根据工程进度的需要，提出苗木、工具、材料的供应计划，包括用量、规格、型号、使用进度等。根据工程需要提出所需用的机械、车辆计划，要说明所需机械、车辆的型号，日用台数、班数及具体日期。按照工程任务的具体要求和现场情况，制定具体的技术措施和质量监控、安全技术措施保障要求等。对于比较复杂的工程，必要时还应在编制施工组织设计的同时，附绘施工组织设计现场平面图，图上需标明测量基点、临时工棚、苗木假植点、水源及交通路线等。以设计预算为主要依据，根据实际工程情况、质量要求和市场价格，编制合理的施工预算，作为工程投资的依据	要求：开工前进行技术交底，应对参加施工的全体人员所具备的技术操作能力进行分析，确定传授施工技术和操作方法，认真搞好技术培训

【业务知识】

由于施工工程项目的大小不同，所要求编制组织设计的内容也有所不同，但其方法和步骤基本大同小异，大致可按以下步骤进行。

（1）收集编制依据文件和资料。

1）工程项目设计施工图纸。

2）工程项目所要求的施工进度和要求。

3）施工定额、工程概预算及有关技术经济指标。

4）施工中可配备的劳力、材料和机械装备情况。

5）施工现场的自然条件和技术经济资料。

（2）编写工程概况主要阐述工程的概貌、特征和特点，以及有关要求等。

（3）选择施工方案，确定施工方法，主要确定对工程施工的先后顺序，选择施工机械类型及其合理布置。明确工程施工的流向及流水参数的计算，确定主要项目的施工方法等（总设计还需先做出施工总体布署方案）。

（4）制定施工进度计划，包括对分部分项工程量的计算、绘制进度图表。对进度计划的调整平衡等。

（5）计算施工现场所需要的各种资源需用量及其供应计划（包括各种劳力、材料、机械及其加工预制品等）。

（6）绘制施工平面图。

（7）其他。

提出对有关工作的质量通病和易于发生安全问题的环节。制定出防治措施，制定降低成本（如节约劳力、材料、机具及临时设施费等）的具体措施，超奖、减罚等的具体要求和技术经济指标。

【业务经验】

1. 施工方案编制人、审核人、审批人填谁？

编制人比较灵活，一般可以是项目上的技术员或者项目技术负责人。

审批人应该是企业一级的技术负责人，也就是企业的总工程师或者技术副经理一类。只看到过对审批人有要求的，就是要求施工组织设计、施工方案、专项　方案等，须经企业一级的技术负责人审批，对前两者没有要求。其中，临时用电方案，如果要求比较细的话，应该由电气专业的技术员和技术负责人编制和审批。如果要求不太严格的话，也由该工程的项目经理审批。

2. 各种专项施工方案应该由总包单位编制还是分包单位编制，或者是由租赁、安装单位进行编制。

总包单位编制施工组织总设计；分包单位编制单位工程施工组织设计；安装单位编制分部分项施工组织设计。

【工作任务实施记录与评价】

表 3-6　制定园林种植施工方案编制的学徒考核

考核内容	考核要求与标准	自我赋分	师傅赋分
1. 种植施工图识别（20分）	（1）能对照施工图，辨别种植点和种植方位。 （2）会判读施工要素。 （3）会对种植内容的合理性进行判读		
2. 施工条件和环境要素分析（15分）	（1）掌握已经有的施工设备、机械装备。 （2）分析种植施工土壤、水体、建筑以及道路环境。 （3）会分析施工区域特征，开展环境要素分析		
3. 苗木来源计划（15分）	（1）会落实苗木来源计划。 （2）能对苗木质量进行描述和记录		
4. 种植设备和工具、材料落实（15分）	（1）能识别常见施工机械与工具。 （2）能对种植设备的安全使用、保养提出措施。 （3）能对设备进行保养和维修		
5. 种植施工方案编写和质量检查（15分）	（1）施工方案整体合理性、完整性检查。 （2）施工方案编写是否具有针对性、可操作性。 （3）施工方案的规范性，文档整理、装订质量检查		
6. 种植施工技术标准、规程、规范使用和说明（20分）	（1）依据种植施工特征，开展种植技术运用说明。 （2）能根据种植技术的运用，提出对应技术规范使用方案。 （3）能对整个工程范围的施工技术规范标准进行整体辨识并比较运用		

1. 学徒关键职业能力及职业品质、工匠精神评价

项目	A	B	C	D
工作态度				
吃苦耐劳				
团队协作				
沟通交流				
学习钻研				
认真负责				
诚实守信				

2. 学徒的考核

项目	85 分以上	70～85 分	60～70 分	不合格	权重
种植施工图的内容					50%
种植平面图需要考虑的内容					20%
苗木表需要的内容					15%
与其他施工员及现场工人等的交流与合作					5%
与监理方和甲方的交流					5%
学徒手册					5%
总体评价					

任务 2　种植施工场地整理

【专业知识准备】

一、清理施工现场

绿化施工应在建筑物、地下管线建筑物铺设、道路铺装全部竣工后进行，并由建设单位负责拆除应拆除的建筑物及按规划影响施工的一切设施，清理建筑垃圾等杂物，平整场地，为绿化施工创造条件。

二、绿化地平整及清理

（1）平地：种植地表应按预算定额规定在±20 cm 高差以内平整绿化地面，同时清

除碎石及杂草杂物；种植场或草坪坡度可定在2.0%～3.0%以利于排水。

一般情况下，靠路边或路牙绿化地面应低于路边或路牙5 cm以防泥水冲落路面，而且要将绿化地面水引至排水管井。

但有一种情况是路边为草地时要把水排出到马路排水沟，草地边与路牙等高或略高于路牙，所以在实际施工中，要根据设计图和实际情况灵活掌握。

(2) 坡地：按设计高程图所定坡度整理，特别是造假山时要处理好峰、谷、涧的关系，一方面在功能上要有利于排水，另一方面在美观上要符合园林美感，细腻之处要用人工慢慢雕琢。力求不同角度有不同的景观效果。

三、踏勘现场

由工程负责人组织施工技术人员进行，应重点掌握以下情况：

(1) 施工现场的土质情况以专业技术部门的土壤质量报告单为依据，确定是否换土，并估计客土量及客土来源。

(2) 交通状况。现场内外，是否便利机械车辆通行，如果交通不便，要考虑开通交通路线。

(3) 现场地下水位及水源、电源情况。

(4) 施工现场是否平整，有碍施工的障碍物是否拆除或迁移（如房屋、树木、农田设施、市政设施等），如尚未拆除要督促建设单位按规定办理拆迁手续，及时处理，为植树工程施工提供条件。

(5) 安排施工期间必需的生活设施如食堂、宿舍、厕所等。

四、园林绿地地形处理原则

见图3-4至图3-6。

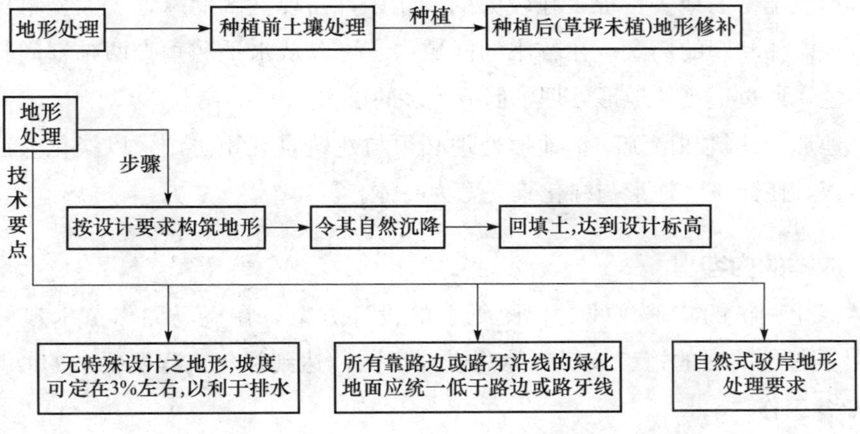

图3-4　平整建设场地步骤

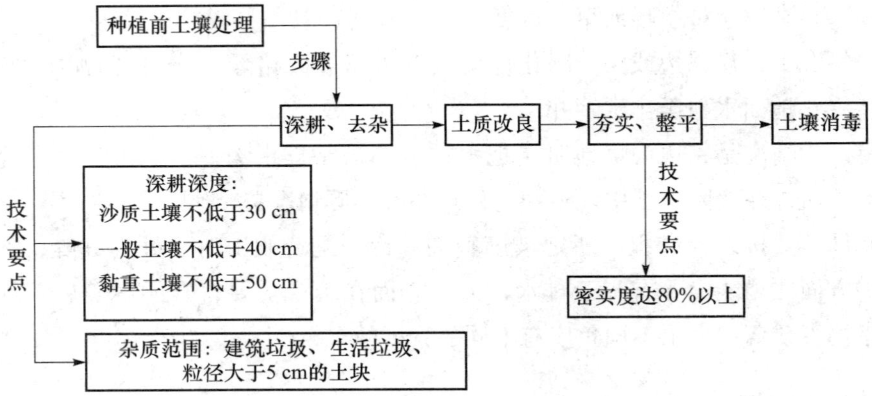

图 3-5　种植前场地平整技术要点

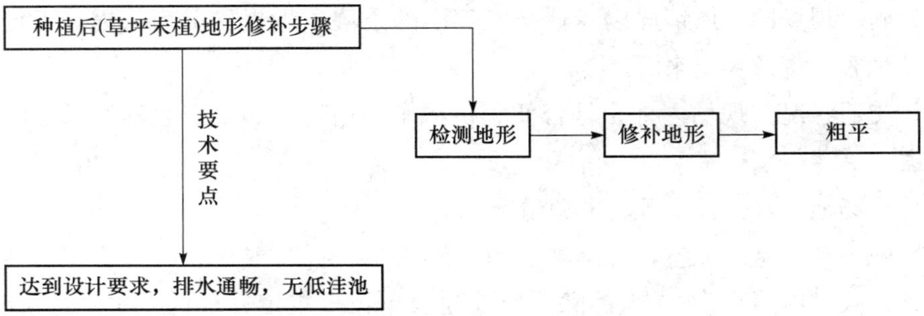

图 3-6　种植后场地平整技术要点

（1）结合地形，充分体现自然风貌。大自然是最美的景观，结合景点的自然地貌进行地形处理，使人备感亲切。

（2）以小见大，适当造景。地形在高度、大小、比例、尺度、外观、形态等方面的变化可形成丰富的地表特征，在较大的场景中，需要宽阔的绿地、大型草坪或疏林草地来展现宏伟壮观的场景；在较小的区域内，可以从水平和垂直两维空间打破整齐划一的感觉，通过适当的地形处理，创造更多的层次。

（3）地形与建筑和谐统一。地形处理必须与建筑景观相协调，以淡化人工建筑与环境的界限，使建筑、地形与绿化景观融为一体。

五、放样的内容

园林绿化种植的施工放线是把图纸上的设计方案，在现场测出苗木栽植的位置和株行距，通过准确的施工放线来体现设计意图，达到绿化工程所要求的效果。

1. 准备工作

准备工作和组织工作应做到周全细致，否则因为场地过大或施工地点分散，容易造成窝工甚至返工。

（1）了解设计意图。全面而详细的技术交底是严格按照设计要求进行施工放线的必要条件。一个设计图纸交到施工人员手里，应同时进行技术交底，设计人员应向施工人员详细介绍设计意图，以及施工中应特别注意的问题，使施工人员在施工放线前对整个绿化设计有一个全面的了解。

（2）踏查现场，确定施工放线的总体区域。施工放线同地形测量一样，必须遵循"由整体到局部"的原则，首先建立施工范围内的控制测量网，放线前要进行现场踏查，了解放线区域的地形，考察设计图纸与现场的差异，确定放线方法。

清理场地，踏查现场，在施工工地范围内，凡有碍工程开展或影响工程稳定的地面物或地下物都应该清除。

2. 基准点、控制点的确定

要把种植点放得准确，首先要选择好定点放线的依据，确定好基准点或基准线、特征线，同时要了解测定标高的依据，如果需要把某些地物点作为控制点时，应检查这些点在图纸上的位置与实际位置是否相符，如果不相符，应对图纸位置进行修整，如果不具备这些条件，则须和设计单位研究，确定一些固定的地上物，作为定点放线的依据。测定的控制点应立木桩作为标记。

3. 施工放线

施工放线的方法多种多样，可根据具体情况灵活采用，此外，放线时要考虑先后顺序，以免人为踩坏已放的线。现介绍几种常用的放线方法。

（1）规则式绿地、连续或重复图案绿地的放线。

①图案简单的规则式绿地，根据设计图纸直接用皮尺量好实际距离，并用灰线做出明显标记即可。

②图案整齐、线条规则的小块模纹绿地，其要求图案线条要准确无误，故放线时要求极为严格，可用较粗的铁丝、铅丝按设计图案的式样编好图案轮廓模型，图案较大时可分为几节组装，检查无误后，在绿地上轻轻压出清楚的线条痕迹轮廓。

③有些绿地的图案是连续和重复布置的，为保证图案的准确性、连续性，可用较厚的纸板或围帐布、大帆布等（不用时可卷起来便于携带运输），按设计图剪好图案模型，线条处留 5 cm 左右宽度，便于撒灰线，放完一段再放一段，这样可以连续地撒放出来。

（2）图案复杂的模纹图案。对于地形较为开阔平坦，视线良好的大面积绿地，很多设计为图案复杂的模纹图案，由于面积较大，一般设计图上已画好方格线，按照比例放大到地面上即可；图案关键点应用木桩标记，同时模纹线要用铁锹、木棍划出线痕，然后再撒上灰线，因面积较大，放线一般需较长时间，因此放线时最好钉好木桩或划出痕迹，撒灰踏实，以防突如其来的雨水将辛辛苦苦划的线冲刷掉。

（3）自然式配置的乔灌木放线法。自然式树木种植方式，不外乎有两种，一为孤植树，多在设计图案上有单株的位置，另有一种是群植，图上只标出范围而未确定株位的株丛、片林，其定点放线方法一般为：

①直角坐标放线法。这种方法适合于基线与辅线是直角关系的场地，在设计图上按一定比例划出方格，现场与之对应划出方格网，在图上量出某方格的纵横坐标、尺寸，再按此位置用皮尺量在现场相对应的方格内。

②仪器测放法。适用于范围较大、测量基点准确的绿地，可以利用经纬仪或平板仪放线。当主要种植区的内角不是直角时，可以利用经纬仪进行此种植区边界的放线，用经纬仪放线需用皮尺、钢尺或测绳进行距离丈量。平板仪放线也叫图解法放线，但必须注意，在放线时随时检查图板的方向，以免图板的方向发生变化出现误差过大。

六、定点放线

1. 定点放线的方法

(1) 仪器法：用经纬仪（罗盘仪）按照种植点的极坐标来确定。

(2) 网格法：适合于地势平坦、面积大的绿地放线使用。

(3) 交会法：适合于小型绿地或局部使用。

(4) 目测法：适合于粗放形绿地放线和有经验的人员使用。

2. 用具和材料

(1) 经纬仪一台。

(2) 园林植物种植设计图纸一份。

(3) 皮尺、比例尺、量角器各一把。

(4) 记录夹一个。

(5) 小木桩若干。

(6) 白灰一袋。

(7) 斧头、铁锹各一把。

3. 方法和步骤

(1) 场地清理。

(2) 踏查现场，确定施工放线的总体区域。

(3) 确定基准点、控制点。

(4) 定点放线：仪器法、网格法、交会法、目测法。

(5) 在各个种植点位置用白灰作标记（或钉木桩），并标出它的挖穴范围。

(6) 检查精度（设计图上树木间距与实际间距进行比较），分析误差。

①方法步骤——交会法：

复核并确定基点与基线→在图上按比例量取边长→现场量取实际长度→确定种植点位置→作标记，见图 3-7。

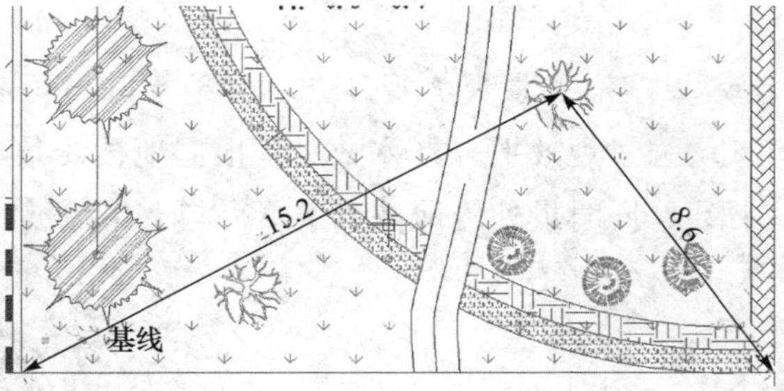

图 3-7　交会法

对于规则式（行列式）种植需要定出第一株位置，然后按照固定的株行距依次测出其他种植点位置。

②方法步骤——仪器法：仪器安装、调平→确定零度线（基线）→在种植图上量取放线点距基准点的距离 L_1 和水平角度 α→转动仪器的水平角 $\beta(\alpha=\beta)$→量取长度 L_2→作标记，见图 3-8。

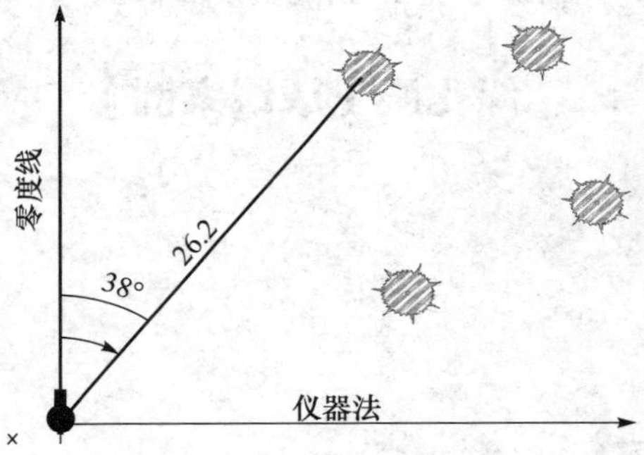

图 3-8　仪器法

注意：仪器的水平角是按顺时针方向计数。

【绿化施工微地形整理案例】

适宜的微地形处理有利于丰富造园要素，形成景观层次，达到加强园林景观视觉冲击力的作用。那么怎么做？

1. 放线

根据景观设计意图，将地被与草坪边线用白灰勾勒，绿化组团区域土方适当堆高 5～80 cm，组团与组团间需具有高低层次变化，粗平时地形呈馒头形。

2. 精平场地

场地粗平后种植乔木，待乔木种植完成后精平场地并种植球形灌木，种植完成后勾勒地被线条，同时将表层土壤翻松便于地被栽植。

3. 地被间整形

为加强地被间层次效果，增加景观美观度，不同地被间也可起微地形，同时配合“地被倒角”种植可有效增强景观效果。具体做法是根据地被线条，将线条内地被种植区域堆成面包形（馒头形），同时最外侧地被线条不得与上层地被线条平行，见图 3-9。

图 3-9　施工场地放线及精平场地

【绿化施工放线案例】

1. 乔木放线

见图 3-10。

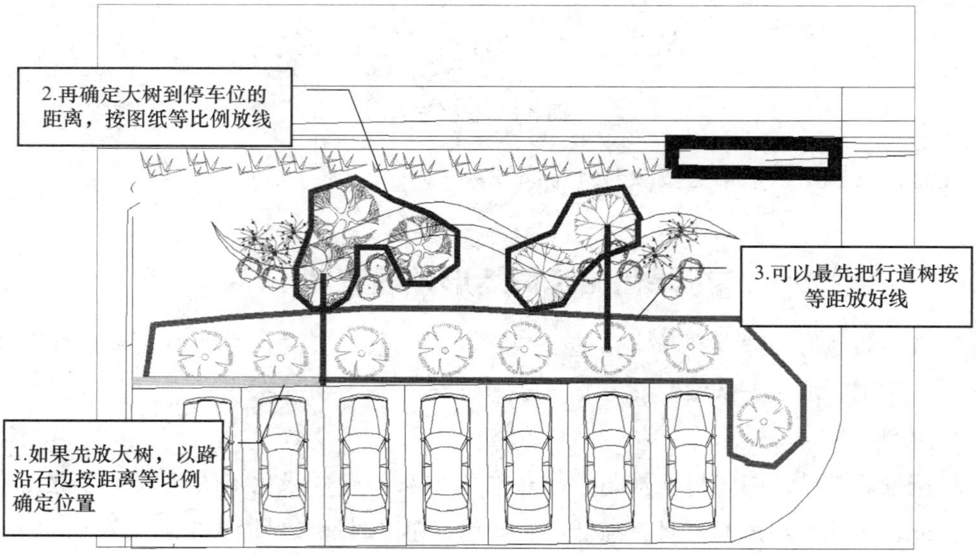

图 3-10　乔木放线

2. 灌木放线

见图 3-11。

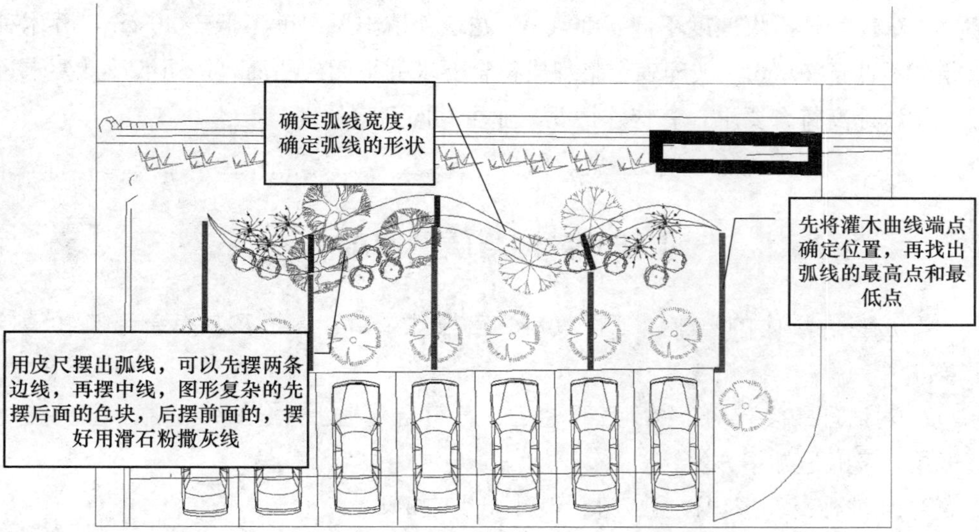

图 3-11　灌木放线

1. 栽植前需要对场地进行质量验收，验收的主控项目和一般项目分别是什么？
2. 平整施工场地的施工流程是什么？
3. 制定园林工程施工方案的主要内容有哪些？
4. 整理绿化用地环节常常用到机械推土初平及翻松，平整时应注意的原则是什么？
5. 园林地形处理原则与技巧有哪些？

任务 2.1 种植施工场地整理

严格按园林绿化施工设计标准和景观要求，土方回填平整至设计标高，对场地进行翻挖，草皮种植土层厚度不低于 30 cm，花坛种植土层厚度不低于 40 cm，乔木种植土层厚度不低于 70 cm，破碎表土整理成符合要求的平面或曲面，按图纸设计要求进行整坡工作。标高符合要求，有特殊情况与业主共同商定处理。

【任务目标与质量要求】

1. 应将现场内的渣土、工程废料、宿根性杂草、树根及其有害污染物清除干净。
2. 对清理的废弃构筑物、工程渣土、不符合栽植土理化标准的原状土等应做好记录，及时通知甲方签认。
3. 场地标高及清理程度应符合设计和栽植要求。
4. 填垫范围内不应有坑洼或积水。
5. 对软泥和不透水层应通知甲方进行处理。

【学习产出目标】

1. 熟知种植施工场地整理的相关名词概念，要求。
2. 制定场地平整计划。
3. 完成园林绿化工程整地施工记录。

【工作程序与方法要求】

地形造型	地形堆坡的形式及高度需要严格按照图纸，并且在得到项目部主管工程师及设计师认可后才进行后续植栽(灌木、草坪等)工作。否则,在未经认可的情况下，甲方有权利要求施工单位翻掉所有植物重新堆坡	要求：堆坡验收，须以沉降后的效果为验收基础
底层泥土	间隔1 m翻松至30 cm深度,同时清除超过5 cm直径的杂物；表层土须完全翻松，同时清除超过2~3 cm直径的杂物；草坪区表土完全翻松后清除直径超过2 cm的杂物	要求：严格按照标准操作

步骤	内容	要求
找坡	根据设计图准确测量地面标高并找坡，对土地进行多次灌水沉降，并及时补足所沉降的土壤	要求：根据设计图找坡
平整场地	平整场地时中心土表应高于路沿石或挡土墙，边沿土表低于路沿石或挡土墙3 cm	
设排水沟	在种植土壤周边设置必要的排水沟，保持排水通畅、不积水	
检查	场地平整的效果要求为，土型饱满，不下陷，无明显沉降，坡度自然平缓	

【业务知识】

根据现场及预算工程量的情况，进场后首先进行场地杂草、垃圾的清理工作。

1. 施工技术方面

（1）要求绿化养护技术人员全面了解场地绿化养护规划，清楚工程各细部范围，各个场地的详细概况、地形、标高等。

（2）搞好养护工作中平面、标高控制，建立自检、自查、复核闭合制度，防止范围、标高错误导致返工。

（3）责任工长坚守工作岗位指挥场地清理的施工工作，不允许开放式管理。

2. 工程管理方面

（1）项目部严明劳动纪律，坚守工作岗位，严禁无工长施工。

（2）施工人员必须全面了解场地绿化养护规划，清楚工程各细部范围，地形土方严禁超挖或亏挖，工长必须在施工现场指挥。

（3）项目技术人员必须跟随施工进展检查清理施工是否达到养护作业的要求。

3. 绿化养护区域内地形整理、清理杂草、松土除草

（1）清理、整理表土。人工或机械清理表层的大量杂草、生活垃圾、淤泥及各种不良土。如果施工场地内的地面、地下或水下发现有管线或其他异常物体时，应事先请有关部门协同查清，未查清前不得动工，以免发生危险或造成其他损失。

（2）对于需种植苗木的地块，面层土壤应挖至种植土厚度以下，以便于换填种植土，有利于植物的生长。人工挖方时施工工具主要采用锹、镐等，人力施工不但要组织好劳动力，而且要注意安全和保证工程质量。

（3）种植土回填，种植土要符合规范要求，符合标高的回填后不用夯实，采用灌水的方法自然沉降。

序号	分部分项工程名称	单位	单价	备注
1	绿化养护区域内地形整理、清理杂草、松土除草	m^2	2.50	
2	清理河道杂草	m^2	0.50	

【业务经验】

1. 绿化工程土方怎样计算?

1 立方米土的运费、买土费、场地整平要花多少钱?

土方费用的计算，应根据不同的施工方法逐项分列计算土方量，再匹配相对应的土方单价进行计算，累计之和称为该绿化种植工程的土方总费用。

2. 场地平整与平整场地有什么区别?

平整场地就是±30 cm 内挖土方，场地平整，就没有范围限制了。

3. 不同绿地地形处理技巧有哪些?

（1）广场是城市空间环境中最具公共性，最能反映城市文化特征的开放空间，故有“城市客厅”的美誉。在广场的设计中，往往对地形进行抬升和下降处理。对纪念性园林，如纪念碑、塔、雕塑或标志性主题建筑的地形常做抬升处理，以体现崇高、雄伟的意境，使观者油然而生肃穆感。水景能增强景观的动感，喷泉地宜高或平，其位置可高可低，以仰视体现高大而壮观，以平视体现平和而亲切。旱地喷泉则宜下沉，以俯视体现生动而活泼。对无主景的公共休闲广场常做下降地形处理，如建造下沉式广场，以交汇视线景观来营造群众性文化表演和娱乐休闲的场地。

（2）街道绿地是街道景观的要素，为了创造良好的视觉效果，除了合理搭配各种植物以外，适当的地形处理也非常重要。整地时把地形做成“龟背”状或楔形，不仅能增强道路的连续性、方向感，丰富地面的景观层次，还有利于阻止尾气、粉尘、噪声的扩散，产生良好的生态效益。

（3）园路绿地在居住区、公园、风景区的道路设计中，对园路进行地形处理以形成适当的起伏，或用步道台阶缓冲平坦的路面，可达到调节游人步伐，缓解疲劳的作用。园路两边的地势呈起伏状，既满足了排水，又使道路具有流动性和方向性。采用不同材料点缀路面，如用鹅卵石或碎石拼成图案，可以从色彩、造型上丰富园林景观，且有助于健身。

（4）滨水绿地路堤是联系水与绿地的媒介，是现代城市中滨水绿地景观常见的园林要素。把路堤处理成微倾斜状，采用沙滩或草地模式使路堤缓缓延伸到水面，可打破绿地与水的界面。把路堤做成台阶，并将其延伸到水中以提供人们戏水的可能。自然式水体则讲究“疏源之去由，察水之来历”，需要设计者多观察自然水体并加以提炼，求得神似而非形似，将人工水面创造出近似自然水系的效果。为了避免水出无源，通常将水面轮廓处理成自然曲折、时隐时现，水岸为自然曲折的倾斜坡地。如果是宽阔的水体，还可创造岛、洲、滩等景观。

【工作任务实施记录与评价】

表 3-7　园林绿化工程整地施工记录

<table>
<tr><td colspan="2">工程名称</td><td colspan="2"></td><td>施工单位</td><td colspan="4"></td></tr>
<tr><td colspan="2">整地范围</td><td colspan="2"></td><td>施工时间</td><td colspan="4">年　月　日</td></tr>
<tr><td rowspan="5">地形</td><td colspan="3">平整地形的工具及方法</td><td colspan="5"></td></tr>
<tr><td colspan="3">相对地形标高</td><td colspan="5"></td></tr>
<tr><td colspan="3">高程确定方法说明</td><td colspan="5"></td></tr>
<tr><td colspan="3">地形起伏的位置方法说明</td><td colspan="5"></td></tr>
<tr><td colspan="3">坡度及排水效果</td><td colspan="5"></td></tr>
<tr><td rowspan="4">土壤</td><td colspan="3">表土来源</td><td colspan="5"></td></tr>
<tr><td colspan="3">表土厚度/cm</td><td colspan="5"></td></tr>
<tr><td colspan="3">表土处理措施（熟土∶腐殖土＝7∶3）</td><td colspan="5"></td></tr>
<tr><td colspan="3">表土外观效果</td><td colspan="5"></td></tr>
<tr><td colspan="9">复查复测意见：</td></tr>
<tr><td rowspan="3">参加人员</td><td colspan="2">监理单位</td><td>建设单位</td><td colspan="5">施工单位</td></tr>
<tr><td colspan="2" rowspan="2"></td><td rowspan="2"></td><td colspan="2">项目负责人</td><td>质检员</td><td>实测人</td><td>复测人</td></tr>
<tr><td colspan="2"></td><td></td><td></td><td></td></tr>
</table>

表 3-8　工程质量报验表

工程名称：

<table>
<tr><td colspan="4">致：

我方已完成　　　　　　　　　　　　工作，经自检合格，请予以验收。
附件：
□ 隐蔽工程质量检验资料
□ 检验批质量检验资料
□ 分项工程质量检验资料
□ 测量放线资料
□

施工项目经理部（章）：
项目经理或项目技术负责人（签字）：
年　月　日</td></tr>
<tr><td colspan="4"></td></tr>
<tr><td>项目监理机构
签收人姓名及时间</td><td></td><td>施工项目经理部
签收人姓名及时间</td><td></td></tr>
<tr><td colspan="4">监理验收及平行检验情况：
1. 收到施工单位自检资料和验收记录表共　页，该项报验内容系第　次报验。

检查人（签字）：　　　　年　月　日</td></tr>
<tr><td colspan="4">监理验收意见：
□ 验收合格，可进行后续施工。
□ 验收不合格，不得进入下道工序施工，应于　月　日前整改完毕自检合格后重新报验。

项目监理机构（章）：
专业监理工程师（签字）：
年　月　日</td></tr>
</table>

注：本报验表分为隐蔽工程质量报验（B. 1. 41）、检验批质量报验（B. 1. 42）、分项工程质量报验（B. 1. 43）、测量放线报验（B. 1. 44）及其他报验（B. 1. 45）。

表 3-9　种植土地形整理检验批质量验收记录

<table>
<tr><td colspan="2">工程名称</td><td></td><td>分项工程名称</td><td>种植土
地形整理</td><td>项目负责人</td></tr>
<tr><td colspan="2">施工单位</td><td></td><td>验收部位</td><td colspan="2"></td></tr>
<tr><td colspan="2">施工执行标准
名称及编号</td><td colspan="3">《园林绿化工程施工及验收规范》CJJ/T 82—2012</td><td>专业工长
（施工员）</td></tr>
<tr><td colspan="2">分包单位</td><td></td><td>分包项目负责人</td><td></td><td>施工班组长</td></tr>
<tr><td colspan="4">质量验收标准的规定</td><td>施工单位
自检记录</td><td>监理（建设）
单位验收记录</td></tr>
<tr><td>主控
项目</td><td>1</td><td colspan="2">种植土地形的整体造型符合设计要求（5. 1. 4）</td><td></td><td></td></tr>
</table>

续表 3-9

一般项目	1	地表基本平整，无明显的低洼和积水处（5.1.7）					
	2	地形排水坡度（5.1.7）			≥0.5%或设计要求		
	3	种植土与道路（挡土墙或挡土侧石）接壤处处理（5.1.9）			符合要求		
	4	有效土层厚度	大中乔木（5.1.10）	深根性	≥120 cm 或设计要求		
				浅根性	≥90 cm 或设计要求		
			小乔木和大、中灌木、大藤本（5.1.10）		≥60 cm 或设计要求		
			小灌木、宿根花卉、小藤本（5.1.10）		≥40 cm 或设计要求		
			竹类	大径	≥80 cm 或设计要求		
				中、小径	≥50 cm 或设计要求		
			草坪、草花、地被（5.1.10）		≥30 cm 或设计要求		
	5	地形相对标高	全高	<100 cm（5.1.10）	±5 cm		
				100～200 cm（5.1.10）	±10 cm		
				200～300 cm（5.1.10）	±20 cm		
				300～500 cm（5.1.10）	±30 cm		
施工操作依据							
质量检查记录							
施工单位检查结果评定	项目专业质量检查员： 项目专业技术负责人： 年 月 日						
监理（建设）单位验收结论	专业监理工程师（建设单位项目专业技术负责人）： 年 月 日						

1. 学徒关键职业能力及职业品质、工匠精神评价

项目	A	B	C	D
工作态度				
吃苦耐劳				
团队协作				
沟通交流				
学习钻研				
认真负责				
诚实守信				

2. 学徒的考核

项目	85 分以上	70～85 分	60～70 分	不合格	权重
园林种植场地平整的内容					50%
种植种植场地平整需要考虑的内容					20%
种植平整场地与绿地整理的区别					10%
与其他施工员及现场工人等的交流与合作					10%
与监理方和甲方的交流					5%
学徒手册					5%
总体评价					

任务 2.2　种植施工放线

园林绿化种植的施工放线是把图纸上的设计方案，在现场测出苗木栽植的位置和株行距，通过准确的施工放线来体现设计意图，达到绿化工程所要求的效果。

【任务目标与质量要求】

园林工程的内容通过施工来表达，施工的技巧很大程度上受放样的制约，可以说放样是整个工程中的重中之重。放样要把作品的意境融入实体，如果只是单纯的照搬照抄，那么就体现不出设计师追求的意念，作品只有形而没有神。所以做一个施工放样人员，首先要理解、渗透进作品的内在，然后才能表达作品的意图。

【学习产出目标】

1. 熟练掌握种植施工放线的基本技能。
2. 学会植物种植工程施工放线的步骤和方法。

【工作程序与方法要求】

步骤	内容	要求
准备工作	1. 了解设计意图 全面而详细的技术交底是严格按照设计要求进行施工放线的必要条件。一个设计图纸交到施工人员手里，应同时进行技术交底，设计人员应向施工人员详细介绍设计意图，以及施工中应特别注意的问题，使施工人员在施工放线前对整个绿化设计有一个全面的了解。 2. 踏查现场，确定施工放线的总体区域 施工放线同地形测量一样，必须遵循“由整体到局部，先控制后局部”的原则，首先建立施工范围内的控制测量网，放线前要进行现场踏查，了解放线区域的地形，考察设计图纸与现场的差异，确定放线方法。 清理场地，踏查现场，在施工工地范围内，凡有碍工程开展或影响工程稳定的地面物或地下物都应该清除	要求：准备工作和组织工作应做到周全细致，否则因为场地过大或施工地点分散，容易造成窝工甚至返工
基准点、控制点的确定	要把种植点放得准确，首先要选择好定点放线的依据，确定好基准点或基准线、特征线，同时要了解测定标高的依据，如果需要把某些地物点作为控制点时，应检查这些点在图纸上的位置与实际位置是否相符，如果不相符，应对图纸位置进行修整，如果不具备这些条件，则须和设计单位研究，确定一些固定的地上物，作为定点放线的依据	要求：测定的控制点应立木桩作为标记
施工放线	1. 规则式绿地、连续或重复图案绿地的放线 (1)图案简单的规则式绿地,根据设计图纸直接用皮尺量好实际距离，并用灰线做出明显标记即可。 (2)图案整齐、线条规则的小块模纹绿地，其要求图案线条要准确无误，故放线时要求极为严格，可用较粗的铁丝、铅丝按设计图案的式样编好图案轮廓模型，图案较大时可分为几节组装，检查无误后，在绿地上轻轻压出清楚的线条痕迹轮廓。 (3)有些绿地的图案是连续和重复布置的，为保证图案的准确性、连续性，可用较厚的纸板或围帐布、大帆布等(不用时可卷起来便于携带运输)，按设计图剪好图案模型，线条处留5 cm左右宽度，便于撒灰线，放完一段，再放一段这样可以连续地撒放出来。 2. 图案复杂的模纹图案 对于地形较为开阔平坦，视线良好的大面积绿地，很多设计为图案复杂的模纹图案，由于面积较大一般设计图上已画好方格线，按照比例放大到地面上即可；图案关键点应用木桩标记，同时模纹线要用铁锹、木棍划出线痕，然后再撒上灰线，因面积较大，放线一般需较长时间，因此放线时最好钉好木桩或划出痕迹，撒灰踏实，以防突如其来的雨水将辛辛苦苦划的线冲刷掉。 3. 自然式配置的乔灌木放线法，自然式树木种植方式，不外乎有两种，一为单株的孤植树，多在设计图案上有单株的位置，另有一种是群植，图上只标出范围而未确定株位的株丛、片林，其定点放线方法一般为： (1)直角坐标放线法 (2)仪器测放法	要求：施工放线的方法多种多样，可根据具体情况灵活采用，此外，放线时要考虑先后顺序，以免人为踩坏已放的线

【业务知识】

绿化种植工程的放样按对象不同，可分为土方放样和种植放样。

土方放样：包括平整场地的放样和自然地形的放样。平整场地的放样，即是施工范围的确定。自然地形的放样是室外环境中一个重要的因素，是整个景观环境的骨架，它直接影响着外部空间的美学特征、空间感、视野、小气候等，是其他要素的基底和依托。在园林中，常常通过地形的变化起伏来突出植物景观的变化。放样的具体手法常用方格网法。

种植放样：绿化种植是绿化工程的主体，植物景观是设计师作品中的主要构成元素。放样依栽植方式的不同，可采用自然式、整体式、等距弧线等方法达到目的。在三者之中，自然式放样最不易掌握。绿化施工不同于建筑施工，有时一棵乔灌木的位置没有明确的界限，只能根据其体量、色彩和外部环境的协调性作出最佳的选择。

1. 土方放样的常见问题

台阶式、坟堆式地形：由于对等高线领会不透，常常在放样过程中造成地形辐射不够，形成台阶式、坟堆式地形，缺乏流畅感，严重的则造成排水不畅。因此在放样过程中一定要注意地形外缘过渡部分的自然。

地形和绿化种植脱离：地形和绿化种植应该是相辅相成的，造成这种情况的原因有时是设计图的改变，或者由于某些原因需要临时增减一些苗木或基础设施，这时如何最大限度地保留原作品中的面貌，施工人员的放样就显得特别重要。笔者曾经历过一个绿化项目，原绿化施工图中靠围墙布置了3～5排宽度不等的水杉作背景，后来由于某些原因，水杉被取消而改成一排珊瑚绿篱，这样原来占地至少4 m的空间现在改成了50 cm左右。如果地形一成不变，那么原来种在高坡上的主景树木只能种在山坡背面了，就违背了设计的原有意图。这时，只能将地形适当向围墙靠近，主景树木位置稍向后移，使之仍然处于最高点，既避免了空档的形成，又保证了原有的布景要求。

设计和现场情况脱离：这种情况较少发生，但有时除了请设计师到场外，如果差异不是很大，施工人员也可局部调整。如有一个施工项目，图纸上的长宽是113 m×45 m，但实际施工现场是100 m×30 m，原设计图中主要入口处是一个圆形广场加阶梯式花坛。这时，由于施工现场宽度的缩小，如果保留阶梯式花坛，则入口处显得拥挤不堪（按图纸放样，花坛位置就处在大门入口处）。后来，征求了设计人员的意见，取消了原有的阶梯式花坛，而改为两侧两个弧形对称小花坛。

草皮地块与乔灌木地块地形差异不当：在花坛、花镜的施工中，乔灌木地块的地形应当比草皮地块地形稍高。因为草皮有一定的厚度，在铺了草皮以后，在高差上乔灌木和草皮就有机结合起来了；反之，视觉上容易造成一高一低的假象，也影响了乔灌木的排水。

2. 种植放样中的常见问题

种植地块走样：造成这种情况的主要原因是对施工图理解不够。特别是在一些自然式种植时，常常做成“排大蒜式”“列兵式”，给种植效果打了很大的折扣。对于一些景点及景观带的放样，应根据树形及造景需要，确定每棵树的具体位置。

苗木数量配置不当：这主要是受了施工图的约束。有时临时改变了苗木的规格，或者立地体量发生了变化，应该现场及时调整，而不能单纯堆砌，做成苗圃式、森林式地块。

在一些模纹花坛中，缺少灵活性、机动性，尤其是在组合花坛中，缺乏整体感受，如在一个以色块为主的道路花坛施工项目中，单个花坛长 21 m，图案长度 10 m，此时若按图施工，则出现一个 1 m 的空档，再放一个图案不协调，不放又造成整个花坛缺乏连续性。这时，放样就可对每个图案加长 50 cm，既保持了单个花坛的整体性，又保证了整组花坛的连续性。

俗话说，“三分设计，七分施工”，好的设计需要通过施工来表现，而好的施工又可以促使设计水平的提高。如果说设计是灵魂，那么施工就是把无形的灵魂变成有形的景致的一种魔法。植物种植设计施工图的要点：植物种植设计施工图是植物种植施工、工程预结算、工程施工监量和验收的依据，它应能准确表达出种植设计的内容和意图。然而，在我国植物设计施工图制图方面还存在施工员难以理解设计意图，施工无法完全达到设计和施工要求等问题。我们需探索如何在设计图纸中清楚地表达设计的思想、施工方法和后续养护管理要求等，使其更具科学、合理性与可操作性。

3. 施工放样前的准备工作

（1）明确设计意图及施工任务量。施工员应根据施工图纸和设计说明了解绿化目的、施工完成后所要达到的景观效果，根据工程的施工期限，安排每种苗木的栽植完成日期，同时还应了解施工地段的地上、地下情况，和有关部门配合，以免施工时造成事故。

（2）施工现场准备。若施工现场有垃圾、渣土、建筑垃圾等要进行清理，栽植地的土质应基本与取苗地一致，如核对时发现栽植地土质太差，应在植树前换土，保证苗木成活率，表土土层至少在 0.5 m 以上。对地形有要求的地段，应按照设计图纸规定的范围和高程进行整理，使其与四周道路等标高合理衔接，使绿地排水通畅。

1）定点放线。定点放线即是在现场测出苗木栽植位置和株行距，一般在栽植施工前完成该项目工作，但也有随放随挖的。由于树木栽植方式各不相同，定点放线的方法也有很多种。

2）规则式栽植放线。成行成列式栽植树木称为规则式栽植，规则式栽植的特点是轴线明显、株距相等，如行道树、片林等。

规则式栽植放线比较简单，可以地面上某一固定设施为基点，直接用皮尺定出行位，再按株距定出株位。为了保证规则式栽植横平竖直、整齐美观，可于每隔 10 株株距增钉一木桩，作为行位控制标记及确定单株位置的依据，然后用滑石粉点标出单株位置。

3）自然式栽植放线。自然式栽植放线比较复杂，主要有以下 2 种方法：

①方格网放线法。在面积较大的植树绿化工地上，可以在图纸上，以一定的边长，画出方格网（画出方格网如 5 m、10 m、20 m 等长度），再把每个方格内按照图纸上的相对位置，用绳尺定点。

②目测法。对于设计图纸上无固定点的绿化种植，如灌木丛、树群等可用上述方法测出树群、树丛的栽植范围，其中每株树木的位置和排列可根据设计要求在所测定范围内用目测法进行定点，定点时应注意植株的生态要求并注意自然美观。定好点后，多采取白灰打点或打桩，标明树种，栽植数量（灌木丛、树群）、坑径。

【业务经验】

1. 为什么要反复强调按图施工呢?

绿化设计方案是经过设计人员对整体绿化区域进行划分、配比、协调后的整体布局，图纸上的植物配置考虑了高差、大小、色彩、季相。整个设计图纸达到比例适宜，视觉舒适、美观，景观效果明确。按图施工就是将设计思想完整地体现到现场中，这样可以直接表达出图纸设计的绿化景观效果，尤其是在现场环境与设计图纸符合的情况下，必须严格按图施工。

任意更改图纸苗木栽植方式、位置、品种，在施工过程中稍不注意就会造成比例失调，苗木层次参差不齐，整体视觉上会产生杂乱无章、别扭奇怪的感受，容易造成返工，耽误施工进度，影响苗木成活率，增加施工成本。

2. 在什么情况下不按图纸施工?

（1）现场情况与图纸严重不符。

（2）图纸设计不符合现场整体环境氛围，调整栽植方式。

（3）树形特别的苗木栽植中调整栽植位置，放到视觉亮点处。

（4）现场有障碍物处于苗木栽植点（大部分是市政绿化呈阵列排比的苗木）。

（5）苗木品种不适宜当地环境生长。

注意：所有需要不按图施工的情况下更改绿化施工均要征得甲方同意，才能规避风险，避免二次、多次施工。

3. 现场情况与图纸严重不符怎么办?

造成施工现场与图纸不符原因我们不多说，针对此类情况，工程量大的主要是反馈给甲方，要求重新调整方案。如果甲方要求施工方自行调整，施工方根据现场条件按原设计重新调整苗木栽植的具体位置、栽植数量，尽量不改变原设计苗木品种、规格及总工程量，避免施工方的损失。工程量小的就现场具体调整，无须另画图纸。

4. 图纸设计不符合现场整体环境氛围，是否可以调整栽植方式?

打个比方，如某某公园灌木设计色块小而零碎，有些色块只有十几个平方米，放在公园太小，放线出来的效果是线条不流畅，乱而小气，跟公园大气舒畅的整体景观绿化效果相差很远。经甲方及主管领导同意不按图纸施工，将色块放大放长，讲究线条流畅连贯，如行云流水，一气呵成。

5. 树形特别的苗木栽植中调整栽植位置，放到视觉亮点处，对吗？

苗木不是工业模具生产出来的，每种植物都有自己独特的生命形态，在施工现场中，我们不能死搬硬套，对植株形态特别的乔木应“特殊照顾”，将它们放在乔木层的第一层，或是放在转角最明显的地方，或是放大株距，或是单独栽植，以充分展现它们的美感。

【工作任务实施记录与评价】

表 3-10　园林绿化工程植物种植定位记录

<table>
<tr><td colspan="2">工程名称</td><td colspan="2">绿化工程</td><td colspan="2">施工单位</td><td></td></tr>
<tr><td colspan="7">预植苗木及位置说明：
香樟种植放线定位。</td></tr>
<tr><td colspan="2">定位方法及依据</td><td colspan="2">依据设计图纸及定位桩用经纬仪引测</td><td colspan="2">使用仪器</td><td>经纬仪、水准仪、钢尺</td></tr>
<tr><td colspan="2">施工日期</td><td colspan="2">20××-×-×</td><td colspan="2">验收日期</td><td>20××-×-×</td></tr>
<tr><td colspan="7">定位测量示意图及说明：
见附图</td></tr>
<tr><td colspan="7">复测意见：
符合设计及验收规范</td></tr>
<tr><td rowspan="3">参加人员</td><td rowspan="2">监理单位</td><td colspan="5">施工单位</td></tr>
<tr><td>项目负责人</td><td>质检员</td><td colspan="2">实测人</td><td>复测人</td></tr>
<tr><td></td><td></td><td></td><td colspan="2"></td><td></td></tr>
</table>

表 3-11　种植穴定点放线报验申请表

工程名称：

<table>
<tr><td>致：
我方已完成了油松种植穴定点放线工作，现报上该工程报验申请表，请予以审查和验收。

附件：
1. 测量定位记录
2. 定位简图

承包单位（章）：
项目经理：
日期：　　年　月　日

审查意见：</td></tr>
<tr><td>项目监理机构：
总/专业监理工程师：
日期：　　年　月　日</td></tr>
</table>

本表一式三份：建设单位、监理单位、承包单位各一份

1. 学徒关键职业能力及职业品质、工匠精神评价

项目	A	B	C	D
工作态度				
吃苦耐劳				
团队协作				
沟通交流				
学习钻研				
认真负责				
诚实守信				

2. 学徒的考核

项目	85 分以上	70～85 分	60～70 分	不合格	权重
制定种植施工放线实施方案					30%
施工放线日志完成情况					10%
施工放线现场的清理					10%
施工放线工具的爱护与清点					10%
与其他施工员及现场工人等的交流与合作					10%
与甲方的交流					10%
学徒手册					10%
养护成本					10%
总体评价					

任务3　乔木种植施工

【专业知识准备】

一、苗木选择原则

根据工程设计图纸，列出苗木的品种、数量、规格，落实苗木供应来源，以及运到栽植地的运输情况及运苗方法。对符合规格、生长健壮无病虫害的苗木，应逐株做记号。高质量的苗木应具备的条件：根系发达完整，主根短直，接近根茎范围内有较多的侧根和须根，起苗后根系无劈裂；苗木粗壮通直，无徒长；主侧枝分布均匀，能构成完美的树冠；无病虫害和机械损伤。针叶树种有明显的顶芽。

二、北疆常见乔木

油松、樟子松、红皮云杉、青海云杉、雪岭云杉、青扦、西柏利亚落叶松、华北落叶松、银杏、冷杉、青扦、西伯利亚红松（新疆五针松）、红皮云杉、青海云杉、天山云杉、侧柏、白皮松、杜松、西柏利亚刺柏、新疆圆柏、塔柏、龙柏、银白杨、银灰杨、新疆杨、毛白杨、欧洲山杨、欧洲大叶榆、苦杨、钻天杨、旱柳、白柳、垂柳、馒头柳、龙爪柳、金丝垂柳、白桦、疣枝桦、白榆、倒榆、黄榆、裂叶榆、长枝榆、圆冠榆、桑树、鞑靼桑、新疆野苹果、紫叶稠李、欧洲稠李、王族海棠、红叶海棠、山定子、海棠果、山杏、苹果、阿尔泰山楂、准噶尔山楂、红果山楂、天山花楸、山桃、红叶李、刺槐、黄菠萝、火炬树、丝绵木（桃叶卫矛）、复叶槭、茶条槭、元宝枫、天山槭、文冠果、五角枫、皂角、夏橡、五角枫、尖叶白蜡、毛白蜡、新疆小叶白蜡、沙枣、沙棘、梓树、黄金树、胡桃楸、核桃、胡杨、椴树、水曲柳、美国黑核桃等。

三、苗木种植前的质量要求

起坨方法见图3-12。

1. 应按设计图纸要求核对苗木品种、规格及种植位置。

2. 种植原则“先高后低、先内后外”，种植顺序“大乔木—乔木—灌木—地被植物”。

3. 树木置入种植穴前，应先检查种植穴大小及深度，不符合根系要求时，应修整种植穴（必须比土球直径大20 cm）。

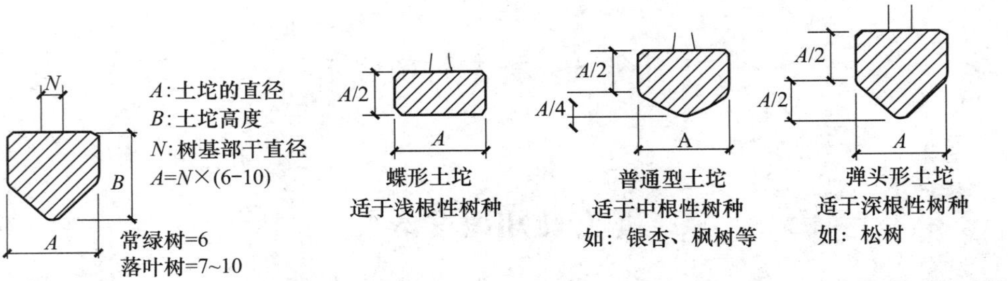

注：土坨的大小应依据上图视树种和苗木具体生长状况及种植季节而定，苗木清单中不作具体规定，以确保成活为标准。若市场上有容器苗(即假植苗)，要求尽量采用容器苗。

图 3-12　确定土坨直径的方法（起坨）

四、种植穴要求

在栽苗之前应以所定的灰点为中心沿四周向下挖穴，种植穴的大小依土球规格及根系情况而定。带土球的应该比土球大 15～20 cm，栽裸根苗的穴应保证根系充分舒展，穴的深度一般比土球高度稍深 10～20 cm，穴的形状一般为圆形，但必须保证上下口径大小基本一致，见图 3-13。

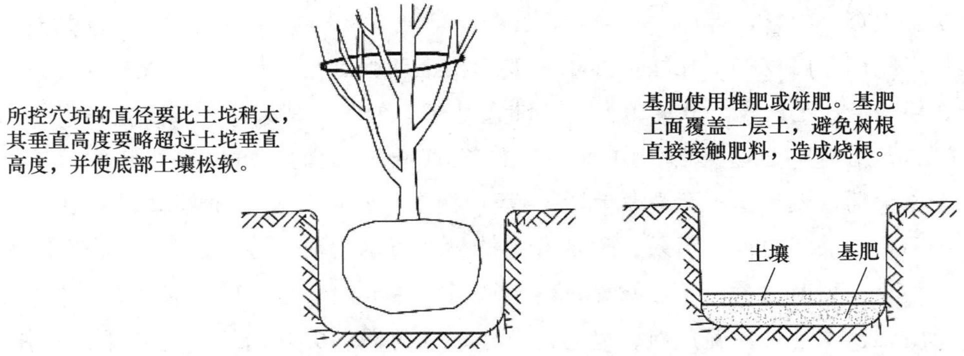

图 3-13　种植树穴要求示意图

（2）当遇到种植池小于所种乔木时，应先进行乔木种植再进行硬景施工。

五、定植

1. 移栽时期

大部分落叶树和常绿树在 4 月上中旬至 5 月中下旬种植。秋季落叶后可选择耐寒、耐旱的树种，用大规格苗木进行栽植。一般常绿树、果树不宜秋天栽植。

2. 定植方法

根据人的最佳观赏点及乔木本身的阴阳面来调整乔木的种植面。将乔木的最佳观赏面正对人的最佳观赏点，同时尽量使乔木种植后的阴阳面与乔木本身的阴阳面保持吻合，以利于植物尽快恢复生长，见图 3-14。

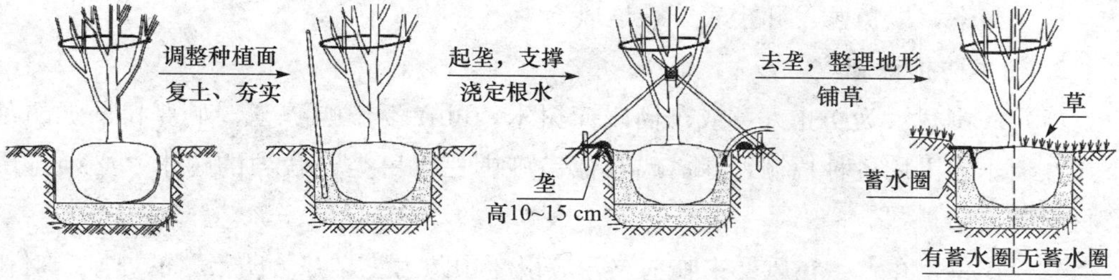

注：在干旱少雨地区，应给植物保留一个低于草坪面3 cm左右的蓄水圈，以利于植物吸收水分。

图 3-14　种植过程

六、苗木养护与管理

1. 立支柱

较大苗木为了防止被风吹倒，应立支柱支撑，多风地区尤应注意。所立支柱有单支柱和双支柱两种，其要求如下：

（1）单支柱：用固定的木棍或竹竿，斜立于下风方向，深埋入土 30 cm。支柱与树干之间用草绳隔开，并将两者捆紧。

（2）双支柱：用两根木棍在树干两侧，垂直钉入土中。支柱顶部捆一横挡，先用草绳将树干与横挡隔开以防擦伤树皮，然后用绳将树干与横挡捆紧。

（3）行道树立支柱，应注意不影响交通，一般不用斜支法，常用双支柱、三脚撑或定型四脚撑，三角支撑见图 3-15。

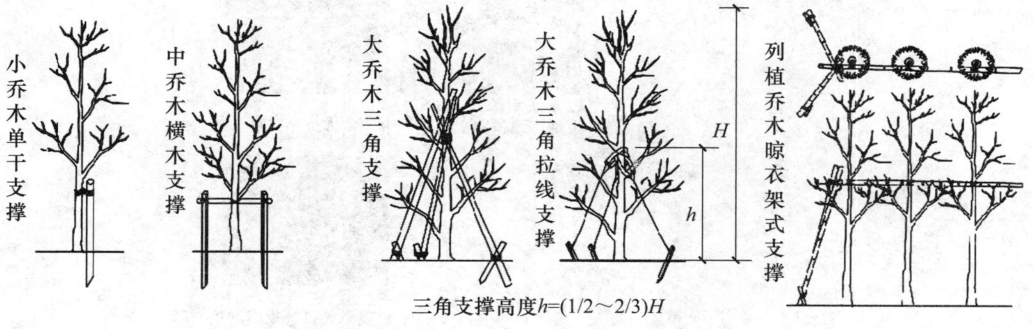

图 3-15　三角支架立面示意图

2. 树木浇灌封堰

树木定植后 24 h 内必须浇上第一遍水，定植后第一次灌水称为头水。水要浇透，使泥土充分吸收水分。灌头水主要目的是通过灌水将土壤缝隙填实，保证树根与土壤紧密结合以利根系发育，故亦称为压水。水灌完后应做一次检查，由于踩不实树身会倒歪，要注意扶正，树盘被冲坏时要修好。之后应连续灌水，尤其是大苗，在气候干旱时，灌水极为重要，千万不可疏忽。常规做法为定植后必须连续灌 3 次水，之后视情况适时灌水。连续 3 次灌水后，要及时封堰（穴），即将灌足水的树盘撒上细面土封住，称为封堰，以免蒸发和土表开裂透风。

3. 树木防护设施

（1）A 围栏：为防止人畜或车辆碰撞树木，可在不影响游览、观赏和景观的条件下，在树木周围用各种栏栅、绿篱或其他措施围栏。兽类笼舍内的树木，必须选用金属材料制成防护罩。

（2）B 高大乔木：在风暴来临前夕，应以“预防为主，综合防治”的原则。对树木存在根浅、迎风、树冠庞大、枝叶过密以及立地条件差等实际情况分别采取立支柱、绑扎、加土、扶正、疏枝、打地桩等 6 项综合措施。

七、乔木施工养护标准

见图 3-16。

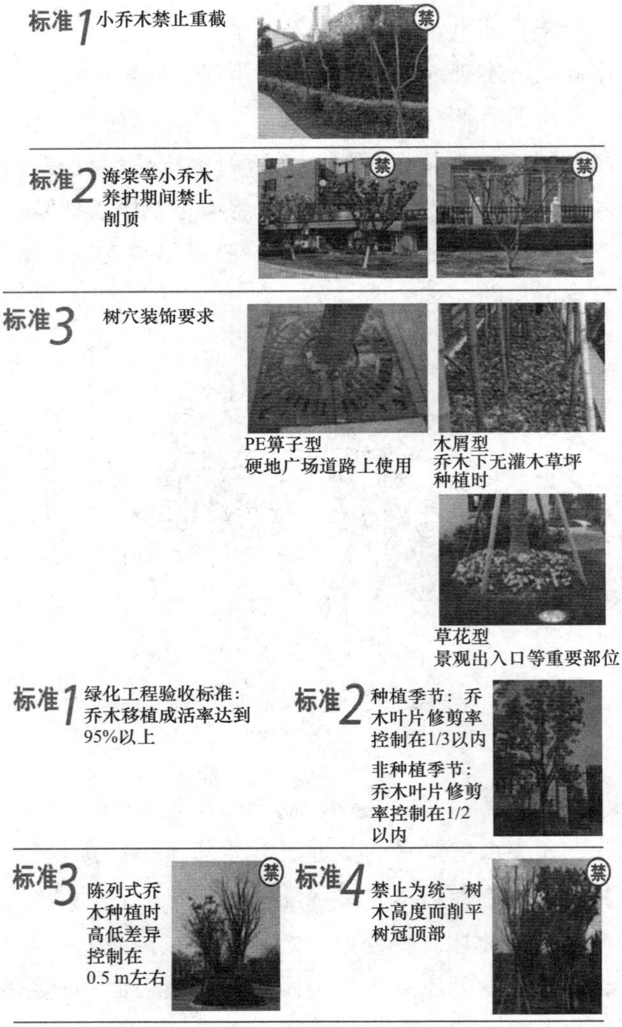

标准5 乔木种植完毕后树穴处禁止有馒头状凸起

标准6 乔木支撑标准

四角桩
- 适用范围：Φ>15大乔木
- 材料要求：Φ6去皮杉木桩+铁丝绑扎。绑扎处树干需用麻布保护
- 支架高度1.5 m

扁担桩
- 适用范围：Φ>15小乔木
- 材料要求：Φ6去皮杉木桩+铁丝绑扎
- 支架高度0.45 m,立杆间距0.8 m

竹架
- 适用范围：竹类
- 材料要求：Φ4小竹竿支架
- 单层高度1.8~2.0 m
  双层高度1.5 m+3.0 m

图 3-16　乔木施工与养护标准

在师傅指导带领下，制定乔木种植施工的进度计划并进行任务分解，制定用具、劳动力的需求计划和工作计划，核算种植施工的成本效益，落实乔木施工任务，组织好工人完成施工任务。

【任务目标与质量要求】

根据施工图、施工场地具体情况以及气候进行园林工程现场乔木的种植施工，能够根据苗木和土球大小确定栽植穴的大小，合理挖掘栽植穴，维持其利于苗木根系生长的形状，将乔木定植于栽植穴中。若土质不适合植物生长，为了减少成本则需要进行穴状换土，能够计算换土的工程量。定植时合理覆土，栽植后立支柱防止倒伏，并浇定根水。根据气候、土壤等情况确定浇水的频率和浇水量。选择合适的方法提高栽植的成活率。掌握园林工程工地种植施工的技术规程，分析解决生产中技术问题，达到施工员岗位任职要求。

【学习产出目标】

1. 乔木栽植质量达到施工验收要求。
2. 栽植穴的大小符合苗木根系要求，根茎痕与原来位置持平。
3. 采用正确的方法提高乔木栽植成活率。
4. 支柱起到防风作用。
5. 起苗时苗木根系范围符合规范，土球不松散。
6. 乔木栽植过程中，无安全事件。
7. 围堰符合规范，起到蓄水作用。

【工作程序与方法要求】

起苗

根据乔木直径的大小确定土球的直径，分为裸根起苗和带土球起苗。采用锐利的铁锹，不得掘碎土球；铲除土球上部的表土及下部的底土时，必须换扎腰箍。土球需包扎结实，包扎方法一般采用橘子包。可以在起苗前进行适当的修剪

要求：土球在运输过程中不能松散。运输时注意保护树冠，大树尽量用草绳裹干装车，避免擦伤树皮

起挖种植穴

根据乔木土球的大小确定种植穴的大小，胸径≤3 cm的土球用人工挖，胸径≥3 cm的土球用机械挖，若机械不方便则用人工。若种植土不适宜则需要换土，为了节省成本，则用穴状换土，将起挖的土堆置一起拉出场外

要求：挖种植穴时注意底土和表土分开

栽植

一定注意坑不能太深或太宽,否则会引起积水，不利于树木成活。将乔木土球置入栽植穴内，注意放置在坑中央，然后进行覆土。为了提高成活率可以在坑内施入有机肥或在土球上撒施生根粉

要求：注意栽植的深度，覆土的深度与原根茎痕持平，必须要换土的情况下，将底土先置入坑内，再放入底土。栽植后可进行修剪

立支柱

较大苗木为了防止被风吹倒或是浇水后发生倾斜，应当在浇水前立支柱进行固定支撑

要求：注意支柱的方式有单支柱，双支柱和三支柱，北疆一般用三支柱

浇水

乔木栽植后必须立即浇水，浇透即可。一般最少浇三遍水，间隔期原则是干后再浇。如若天气干燥可增加浇水的次数

要求：先做好围堰，再浇水

【业务知识】

施工企业施工成本收入（表 3-12）

表 3-12　施工企业成本收入

施工企业成本收入（元）	标准
成本（元）	
1. 施工人员费用	施工员 200 元/天，工人 100 元/天
2. 现场工作协调费	200 元/天
3. 水费	20 元/天
4. 机械费	300 元/天
5. 支柱费	30 元/株
利润（元）	10 元/株，不同种类和规格的树略有差异

（1）施工人员基本费用：包括生活费、交通费和通信费，工人所需费用。

（2）现场工作协调费：给予现场协调甲方和监理方发生的费用。

（3）企业管理费用：包括企业人员工资、奖金、业务费、培训费等。各企业差异较大。

（4）现场工具用具费：包括铁锹、施工机械费、肥料、生根粉、支柱费、水费等。

【业务经验】

提高乔灌木移栽成活率的方法

1. 对地上树体的处理

（1）修剪，减少蒸腾面积。

（2）树体喷水。

（3）树干注射。

（4）喷洒蒸腾抑制剂。

（5）拉遮阳网。

2. 对地下部分的处理

（1）对根系进行适当修剪。

（2）对根系喷洒生根粉。

（3）合理浇水。

（4）尽可能保证根系的完整。

（5）栽植穴大小合适，既不窝根又不积水。

（6）控制浇水的频率与次数。

（7）土壤中施入保水剂。

（8）合理施肥，中耕除草。

【案例分析】

1. 大树移植案例

大树移植专项施工方案

本绿化工程在移植中有 10 cm 以上规格的景观树，来进行绿化改造。故制定大树专项施工方案，针对移植苗木进行过程质量控制，保证顺利完成工程施工中的重点和难点。因此，该项施工必须作为重点进行安排施工，才能最终保证本次施工良好效果。

一、起苗时间

根据植物生物学特性和生态学习性，各种苗木有其不同的特性，因此在起苗时，应根据不同苗木，在不同的时期挖掘。最好选择在生长季节移栽，因此时根系再生速度快，树木易成活。由于已过了苗木最佳栽植季节，所以本次工程移植苗木必须加大土球，在保证整体景观的效果下加强修剪、遮阳、保湿等措施。

二、切根处理

通过提前切根处理，促进侧须根生长，使大树在移植前即形成大量可带走的吸收根。这是提高移植成活率的技术关键。

在移植前，以树干为中心，以胸径的 3～4 倍为半径画一个圆形或方形的边线，把圆形或方形的东、南、西、北分成 4 段，在树体的南和北或东和西两段向外挖宽 30～40 cm 的沟，深度 50～70 cm（视根的深浅而定）。挖掘时，如遇较粗的根，应用锋利的修枝剪或手锯切断，使之与沟的内壁齐平。如遇 5 cm 以上的粗根，为防大树倒伏，一般不切根，而是在土球壁处行环状剥皮并涂抹 20～50 mg 的生长素（萘乙酸等），促发新根。沟挖好后，填入肥沃土壤并分层夯实，然后浇水。数月后即可挖运栽植。

三、挖掘（图 3-17）

图 3-17　大树的起苗

1. 准备工作

应准备吊车、油丝绳（或吊装网包）、吊带、草绳、木板、抱杆、粗网绳、铁锹、锯、剪刀、油漆等。

2. 整枝

挖掘前，根据树形及设计要求，将树冠中病、枯枝、重叠枝进行疏除，弱枝强剪、强枝弱剪，以利于恢复树势，同时，根据园林树木修剪造形原则，对树冠，进行适当修剪，去掉树干、基部萌条。修剪造成的伤口应涂以保护剂，如含有0.01%～0.1%的萘乙酸膏。

3. 支撑、牵拉

根据大树粗度、高度，用粗大竹竿（一般毛竹竿）或粗木杆对树体进行支撑，一般为三角形或四角对称支撑，用麻绳绑牢，必须保证大树在挖掘时不致突然倾倒，以防伤人或损伤树木。

4. 挖掘

(1) 土球大小

大规格苗木必须带土球移植。胸径为20～25 cm，土球直径1.6～2 m，胸径为25 cm以上应采用箱板移植，土台、箱板的规格为胸径的8～10倍。土球高度一般为土球直径的4/5左右。因此在起苗时，土球大小严格按照业主及招标文件的要求，若在夏季，对苗木反季节移栽，土球直径还应加大。

(2) 土球挖掘

根据苗木规格确定土球大小后，在土球外沿向外延伸10～20 cm开始挖掘。先将树体根部周围土球范围内所有浮土去掉，四周开始挖掘，挖掘宽度以方便人员操作为宜，土球一般上宽下窄，原则以尽量减少毛细根损伤为佳。遇到大的侧根或主根，不能用铁锹或钝器铲断，而应用锯子锯断，细根用剪刀剪断。土球大小要求为：土球的直径为树木直径的8～10倍，土球的高度为土球直径的2/3。

挖掘时应循序渐进，以防土球散裂；若土壤为沙质土，土球易裂，可边挖边用草绳严密缠绕土球。土球大部分挖完，修平整，用草绳横向严密包裹后，可用吊车进行吊扶，以防大树倾倒。将土球稍微吊离土层，再用草绳横向缠绕，形成“井”字或“#”形。草绳缠绕时应使用湿草绳，用力拉紧嵌入土球，然后固定，防松脱，见图3-18。

四、吊装

1. 保护树干

先用草绳对树干紧密缠绕，再用网包进行缠绕后吊装；若无网包，也可在草绳缠绕后，用宽度20 cm，厚度3～5 cm，长度1 m左右的木板四块贴在树干上，用油丝绳直接吊装，该措施特用在早春季节，树皮容易滑脱，可有效防止擦伤树皮。同时必须对树冠进行包裹、保护，以免在运输和栽植过程中造成枝叶损伤。

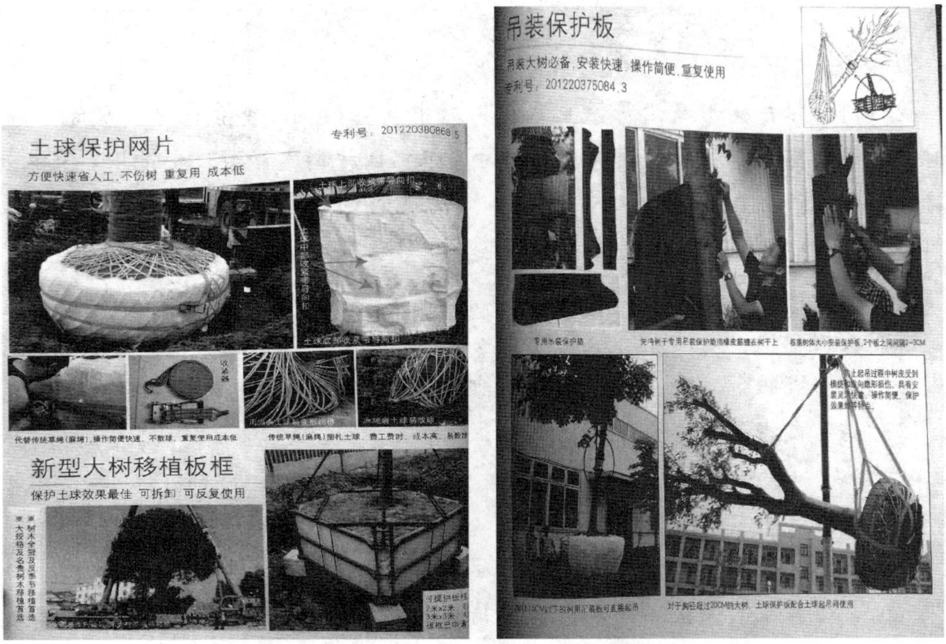

图 3-18　大树的包装及吊装

2. 吊装

吊装时，起吊部位最好在树体重心部分，以使树体与土球保持平衡。起吊时，应轻起轻放，不宜过快。树木装进汽车时，要使树冠向着汽车尾部，根部土块靠近司机室。树干包上柔软材料放在木架上，用软绳扎紧，树冠也要用软绳适当缠拢，树体在车上放稳后，在树干与车厢接触部分，用纸板或麻布等垫实，以防擦伤树干；同时用麻绳系牢，防止运输时树体滚动。吊装时，树体下严禁站人，防止吊绳断裂或滑脱，造成事故（图 3-19）。

图 3-19　大树的吊装及输液保活示意图

3. 用油漆涂抹伤口：对去掉的大枝伤口或擦伤部位，用油漆进行涂抹，保护伤口，防止病菌侵入（图 3-19）。

五、运输

大规格苗木在运输时，许多苗木树冠超高、超宽。在运输途中，应尽量选择较宽的路线，且车速不应超过 40 km/h，防止颠破土球。非适宜季节吊运时应注意遮阳、补水保湿，必要时需要采取输液（植物营养液）减少树体水分蒸发。

运输途中特别注意沿途跨路电线，防止扯断或触电。

六、树穴开挖

(1) 要栽植的苗木，其树穴应提前准备，根据放线定点要求和苗木规格，树穴应比大苗土球直径大 20 cm 以上，深度比土球深 30 cm 以上，以利于栽树时调整树的姿态。

(2) 树穴挖好后，进行灌水，水应灌足，使树穴充分吸水，这样，栽树时，树穴水分不易流失，可充分浸泡土球，大树运输前，树穴内应无积水。并对穴土进行杀菌、除虫处理。

(3) 挖掘树穴时，应将表土放置一边待栽植时备用，而挖掘出来的建筑垃圾等杂物放置一边集中运走，并回适量的种植土。

(4) 挖掘树穴时遇到地下管网、构筑物时应立即停止操作，申报项目部妥善解决。

(5) 机械挖坑时，必须人工修好坑后进行下道工序。

(6) 种植穴挖好并修坑完成后，为防积水应回填直径 2～4 cm 碎石 30 cm 厚，并以 45°角斜插长 1 m 直径 110 mm 的专用 PVC 排水透气管 4 根。并回填 10 cm 厚粗砂，然后回填 20 cm 厚基肥，并与砂和原土充分拌合后喷洒 3%的高锰酸钾溶液进行消毒，且必须做到坑等苗。

(7) 基肥配置方法：普通农家肥（发酵后）：堆肥：东北草炭土按照 5：3：2 比例混合。

七、栽植

苗木运到工地后，应随到随栽。最好在阴天或傍晚进行，移植前后，可根据不同树种的特性，采取有针对性的控制树体水分蒸腾措施（如喷施抗蒸腾剂、草绳包裹树干等）。

1. 修整树冠，保护伤口

大苗运到工地后，对在运输途中造成的树冠损伤及时修剪，并根据工地实际，本着园林观点对树冠重新整形，并用伤口涂抹剂涂抹伤口，防止水分散失和病菌侵入。

2. 起吊

起吊前，树体保护措施与挖掘装车时保护措施相同，但起吊部位应在重心之前，即靠近树冠分枝点处，这样，起吊时树体直立，土球下垂，方便栽植和调整树姿。

3. 扶正

利用吊车帮助，再用人工，对树体进行调整，端正位置，确立最佳观赏面和土球深度。

4. 去掉土球包装物

树体调整完毕，应去掉土球包装物，以利于根系恢复、生长；但若土球易散裂，也可不去，但应将土球周围草绳划断，露出土球，以利于生根。

5. 支撑

树木在栽植完成浇水前必须支撑，一般采用杉木杆，长度在树高的1/2～2/3，根据树种粗度、冠幅大小而定。支撑与树干接触部位用棕皮、棕丝或草绳缠绕保护树皮，支撑下端与土壤接触部必须砸实并用木桩与支撑绑扎牢固。

具体要求按以下方式执行：

(1) 35 cm（含）以上乔木用6 m支撑杆，小头大于8 cm；六脚方式支撑，并打地锚（地锚长度65 cm，地下50 cm），用3 m杉木杆做六根腰杆。

(2) 20 cm≤胸径≤25 cm，采用5 m支撑杆，小头大于5 cm，四脚方式支撑，并打地锚（地锚长度65 cm，地下50 cm）。

6. 埋土、灌水

大土球苗木不宜采用“三埋两踩一提苗”的常规措施，应该边埋土边灌水，使泥土灌满树穴与土球每一个缝隙，以防根系“架空”，不利于根系生长。或用铁管多点插入树穴底部从下到上灌水，以保浇透浇匀。第一遍水应按配比灌施生根粉和根腐灵，以保证树木快速生长毛细根并防止烂根现象发生。

7. 不耐水湿的树种宜采用浅穴堆土法栽植。这样根系透气性好，有利于根系伤口愈合和新根萌发。

8. 视栽种时间和树种需要，对部分新植树木冬季采取防寒措施。

八、封穴

1. 灌水

大规格树木土球灌水时，必须一次性灌足，用树枝或铁棒轻轻插入土球，以检查土球是否松软或浸透，大土球四周在灌水时，最好轻轻插入几个孔（最好保证土球不散），以利于水浸透土球；若一次灌水不足，土球四周泥土形成泥浆，最终附在土球表面，则以后灌水时土球更不易浸透。

2. 堆穴

待水完全渗透后，在树穴四周围堰土，即在树基部堆成中间低四周高的树穴并踏实。

3. 覆盖

用地膜以树基为中心，对树穴进行覆盖，覆盖时应严密，不重不漏，特别对接缝处，用土进行覆盖，否则进风后易鼓起，树穴开裂，露风露气，根系容易失水不易成活。

九、树体缠绕

用草绳对树干由基部严密缠绕，直至二级分枝处，冬春两季，草绳外面再用地膜进行缠绕。夏秋两季将地膜去掉。该项措施既利于树体保温，又利于减少水分蒸发，在高温干旱季节，向树体喷水，又有利于树体吸水，促进树木生长。

十、养护

1. 保持树体水分代谢平衡

(1) 包干

用草绳、蒲包、无纺布等材料严密包裹树干和比较粗壮的分枝。上述包装物具有一定的保湿性和保温性。经包干处理后，一可避免强光直射和干风吹袭，减少树干、树枝的水分蒸发；二可贮存一定量的水分，使枝干经常保持湿润；三可调节枝干温度，减少高温和低温对枝干的伤害，效果较好。或采用塑料薄膜包干，此法在树体休眠阶段效果是好的，但在树体萌芽后应及时撤换。因为塑料薄膜透气性能差，不利于被包裹枝干的呼吸作用，尤其是高温季节，内部热量难以及时散发会引起高温，灼伤枝干、嫩芽或隐芽，对树体造成伤害。

(2) 喷水

树体地上部分（特别是叶面）因蒸腾作用而易失水，必须及时喷水保湿。喷水要求细而均匀，喷及地上各个部位和周围空间，为树体提供湿润的小气候环境。可采用高压水枪喷雾，可将供水管安装在树冠上方，根据树冠大小安装一个或若干个细孔喷头进行喷雾，效果较好。或采取“吊盐水”的方法，即在树枝上挂上若干个装满清水的盐水瓶，运用吊盐水的原理，让瓶内的水慢慢滴在树体上，并定期加水，既省工又节省投资。但喷水不够均匀，水量较难控制。一般用于去冠移植的树体，在抽枝发叶后，仍需喷水保湿。

(3) 遮阳

大树移植初期或高温干燥季节，要搭遮阳棚遮阳，以降低棚内温度，减少树体的水分蒸发。在成行、成片种植，密度较大的区域，宜搭制大棚，省材又方便管理，孤植树宜按株搭制。要求全冠遮阳，荫棚上方及四周与树冠保持 50 cm 左右距离，以保证棚内有一定的空气流动空间，防止树冠日灼危害。遮阳度为70%左右，让树体接受一定的散射光，以保证树体光合作用的进行。以后视树木生长情况和季节变化，逐步去掉遮阳物。

2. 促发新根

(1) 控水

新移植大树，根系吸水功能减弱，对土壤水分需求量较小。因此，只要保持土壤适当湿润即可。土壤含水量过大，反而会影响土壤的透气性能，抑制根系的呼吸，对发根不利，严重的会导致烂根死亡。为此，第一方面，我们要严格控制土壤浇水量。移植时第一次浇透水，以后应视天气情况、土壤质地，检查分析，谨慎浇水。同时要慎防喷水时过多水滴进入根系区域；第二方面，要防止树池积水。种植时留下的浇水穴，在第一次浇透水后即应填平或略高于周围地面，以防下雨或浇水时积水。同时，在地势低洼易积水处，要开排水沟，保证雨天能及时排水；第三方面，要保持适宜的地下水位高度（一般要求－1.5 m 以下）。在地下水位较高处，要做网沟排水，汛期水位上涨时，可在根系外围挖深井，用水泵将地下水排至场外，严防淹根。

(2) 保护新芽

新芽萌发，是新植大树进行管理活动的标志，是大树成活的希望，更重要的是，树体地上部分的萌发，对根系具有自然而有效的刺激作用，能促进根系的萌发。因此，在移植初期，特别是移植时进行重修剪的树体所萌发的芽要加以保护，让其抽枝发叶，待树体成活后再行修剪整形。同时，在树体萌芽后，要特别加强喷水、遮阳、防病治虫等养护工作，保证嫩芽与嫩梢的正常生长。

(3) 土壤通气

保持土壤良好的透气性能有利于根系萌发。为此，一方面，我们要做好中耕松土工作，以防土壤板结。另一方面，要经常检查土壤通气设施（通气管或竹笼）。发现通气设施堵塞或积水的，要及时清除，以经常保持良好的通气性能。移植时，没有安装通气设施的，应予补装。

3. 树体保护

新移植大树，抗性减弱，易受自然灾害、病虫害、人为的禽畜为害，必须严加防范。

(1) 支撑

大规格乔木由于树冠大、重心高，而根系较小，依靠树体自身不能固定，易被风吹倒或发生倾斜，即使树体摇动，也易造成根部晃动，使根部不能生根或露气后使根部腐烂。因此，大树栽植完毕，必须进行支撑，见图 3-20。

图 3-20　树干的管道输液及支持

大树支撑一般用大毛竹竿或杉木杆，视树体规格、高度而定。本项目大树一般用毛竹竿或杉木杆采用四角对称支撑，竹竿底部用短木桩和支撑固定，使其不易风吹滑动，竹竿与树体支撑部用麻绳绑牢固，树木支撑部位要用棕皮或草绳缠绕保护，以致不损伤树皮。支撑完毕，用力摇动树体，树体牢固，不摇动。

（2）防病治虫

坚持以“防为主，防治结合”的原则，根据树种特性和病虫害发生发展规律，勤检查，做好防范工作。一旦发生病情，要对症下药，及时防治。

（3）施肥

施肥有利于恢复树势。大树移植初期，根系吸肥力低，宜采用根外追肥，一般半个月左右一次。用尿素、硫酸铵、磷酸二氢钾等速效性肥料配制成浓度0.5%～1%的肥液，选早晚或阴天进行叶面喷洒，遇降雨应重喷一次。根系萌发后，可进行土壤施肥，要求薄肥勤施，慎防伤根。

（4）防冻

新植大树的枝梢、根系萌发迟，年生长周期短，积累的养分少，因而组织不充实，易受低温危害，应做好防冻保温工作。一方面，入秋后，要控制氮肥，增施磷、钾肥，并逐步延长光照时间，提高光照强度，以提高树体的木质化程度，提高自身抗寒能力；另一方面，在入冬寒潮来临之前，做好树体保温工作。可采用覆土、地面覆盖、设立风障、搭制塑料大棚等方法加以保护。

4. 输液促活技术

见图 3-21。

图 3-21 树木的保湿剂及营养滴灌袋

移植大树时，必须带土坨，但是大树的吸收根仍然多数失去，留下的老根再生能力差，新根发生慢，吸收能力难以恢复，虽然截枝去叶，但是大树仍然要蒸发大量水分，当供应（吸收）水分数量小于消耗（蒸腾）水分数量时，就会导致树木脱水而死亡。为了维持大树移植后水分供应与消耗的平衡，常采用外部给水（土壤浇水和树体喷水）措施，但是往往效果不佳，甚至造成渍水烂根。如果采用树体内给水的输液新技术，就可解决移植大树桩水分供需矛盾，从而促其成活。其技术要求如下：

（1）液体配制

输入的液体以水分为主，水中可配入微量的植物激素和磷钾矿质元素。为了增加水的活性，可以使用凉开水。每千克水可溶入 ABT 5 号生根粉 0.1 g，磷酸二氢钾 0.5 g。生根粉可以激发树体内原生质的活力以促进生根和发芽，磷钾元素能促进植株生活力的恢复。

（2）注孔准备

用木工钻在植株基部钻输液洞孔数个，孔向朝下与树干呈 30°夹角，深至髓心为度。输液洞孔数量多少和孔径的大小应与树干大小和输液插头直径相匹配。一般树干注射器和喷雾器输液的需钻输液洞孔 1～2 个，挂瓶输液的需钻输液洞孔 2～4 个。输液洞孔的水平分布要均匀，垂直分布要相互错开。

（3）输液方法常用的有三种。

注射器注射：将树干注射器针头拧入输液洞孔中，把贮液瓶倒挂于高处，拉直输液管，打开开关，液体即可输入，当无液体输入时即可关上开关，拔出针头，用胶布封住孔口。

喷雾器压输：将喷雾器装好配液，喷管头安装锥形空心插头，并把它插紧于输液洞孔中，拉动手柄打气加压，打开开关即可输液，当手柄打气费力时即可停止输液，并封好孔口。

挂液瓶导输：将装好配液的贮液瓶挂在洞孔上方，把棉芯线两头分别伸到贮液瓶底和输液洞孔底，外露棉芯应套上输塑管，防止污染，配液可通过棉芯输到树桩全身。

（4）其他事项

使用树干注射器和喷雾器输液的，其次数和时间应根据植株需水情况而定。挂瓶输液的可依需要增加贮液瓶内的配液。当树干生新根抽梢后，停止输液，并用波尔多浆涂封孔口。有冰冻的天气不宜输液，以免植株受冻害。

此外，在人流比较集中或其它易受人为、禽畜破坏的区域，要做好宣传、教育工作，以防破坏树木。同时，设置竹篱等加以保护。新植大树的养护方法、养护重点，因其环境条件、季节、树体的实际情况不同而有所差异，需要因时、因地、因树灵活地加以运用，从而收到预期的效果。

总之，稀有大规格苗木由于其购买难度大、造价高、树龄长、移植困难，在施工中，应严格按照操作程序，谨慎操作。大树移植十大操作步骤，是保证大树移植成功的重点保障措施，其根本目的就是通过程序化操作，尽量减少水分蒸发，同时促进根部吸收水分，保证苗木成活。

2. 毕业论文——昌吉地区北美海棠的移栽技术

昌吉地区北美海棠移栽技术

摘要：北美海棠，栽植地昌吉佃坝乡友好农业园区，苗木产地在石河子周边苗圃。共运株数400棵，北美海棠栽植成活率为60%，影响北美海棠成活率的原因为后期养护管理不当和栽植地土壤盐碱严重。

关键词：海棠；苗木移栽；成活率

前言

介绍了提高海棠苗木移栽成活率的关键技术，包括移栽前准备、整地及土壤改良、移栽时间、北美海棠起挖、北美海棠起运、定植、北美海棠管理及病虫害预防等方面内容，以为提高北美海棠移栽成活率提供参考。

1　昌吉气候概况

昌吉州属中温带区，为典型的大陆性干旱气候，具有冬季寒冷、夏季炎热、昼夜温差大的特点。由于地形条件的影响，由南向北气候差异较大，南部山区气候特征明显。夏季降水充沛；北部沙漠性气候特征显著。昌吉州日照充足，年日照时数为2 700 h，太阳年辐射总量为133.6 kcal/cm；热量条件也较为充足，年≥10℃积温为3 450℃，其中年平均气温6.8℃，1月份平均气温为−15.6℃，7月份平均气温为24.5℃；年平均降水量为190 mm，夏季降水量明显多于冬季；年无霜期为175天。

2　北美海棠简介

在美国和加拿大的园林景观植物名录中可以见到的北美海棠栽培种有多个，从植物学角度来说，其原种多来自亚洲，少量出自当地。由于北美园林中应用的很多著名品种是由美国和加拿大的苗圃和植物研究人从自然杂交的海棠中选育出来的，在北美已经流行并应用了几十年以上，所以被称为北美海棠。

2.1　形态特征

北美海棠为落叶小乔木，株高一般5～7 m，呈圆丘状，或者整株直立呈垂枝状。分枝多变，互生直立悬垂等无弯曲枝。树干颜色为新干棕红色或黄绿色，老干灰棕色，有光泽，观赏性高。花朵基部合生，花色为白色、粉色、红色，鲜红花序分伞状或者伞房花序的总状花序，多有香气。肉质梨果，带有脱落型或者不脱落型的花萼；颜色为红或黄，或者绿色较大的称为苹果，较小的称为海棠果。我所引进的多个品种中全部是耐寒型、抗病型，观赏特点突出及观赏周期长的园林中的优秀品种。根据在本所基地培育发现，在冬季没有保护的情况下，早春干风凛冽，夏季阴雨高温的气候环境下，所有品种均生长良好，无死亡现象，果实观赏期达6～10个月。

2.2　生态习性

北美海棠适应性很强，在我国各地均可正常生长，对环境要求不严格。

3　北美海棠移栽前准备

昌吉佃坝乡友好农业园区内清理现场，清除杂草。

3.1　整地及土壤改良

昌吉友好农业园区内为农业种植土，但盐碱严重。因此选用小地区大水冲盐方法，即将围堰内填满水，再将围堰内的水放掉，以此反复达到小地区冲盐效果。深翻的土壤可用50%多菌灵可湿性粉剂拌入土中消毒，或通过太阳照射消毒使土质疏松。

3.2　栽植地及时间的介绍

栽植地为昌吉佃坝乡友好农业园区内，土壤为种植土，但盐碱严重。移栽时间选择在适宜的季节移植，可有效提高海棠苗木移植成活率，具体移植时间因树种而异。叶子落光了证明树木进入了休眠期，最好是在它休眠的时候进行移植。因此，应在4月中旬进行移栽，这段时间是海棠移植的最佳时间。

4　栽植

4.1　放线

北美海棠移栽前按设计要求定点放线，在地面上划出位置、轮廓线，定好株行线。

4.2　挖种植穴

栽植北美海棠之前按照放好的施工白灰线挖种植穴，平面大小为土球的8～10倍，并略大于苗木的土球。种植穴挖好后在穴中填些表土。

4.3　栽植

北美海棠规格为3～5 cm，调运共计400株，苗木产地在石河子周边苗圃。北美海棠运来以后，要及时种植，把北美海棠放到种植穴正中央，然后填土，填土时要注意先填表土，后填底土，种植深度也要与原种植深度一致，既不可过深又不可过浅，土填完后分层踏实，踩踏时一定要注意不要将土球踏碎。种植完后要马上浇头水，5天后浇二水，这两水必须浇足浇透，对浇水时冲出的坑洞也要及时封堵，防止根系外露。

北美海棠苗木运到种植现场后，一定要精心组织，科学种植，精细管护，严把质量关。带土球的海棠苗木卸苗和装苗同样应轻拿轻放，最好随起随栽，不能立即栽植的应适当洒水保持土球和枝条湿润。

树坑要规范，提前挖好，规格50 cm×50 cm，上下大小一致，带土球的树坑应比土球大20～50 cm，深20～50 cm。树坑底部应回填适量好土，土壤干燥时应提前浸坑，使海棠苗木种植后有水可吸收。

种植前必须检查北美海棠苗木，发现有机械损伤的应及时处理，栽植时深浅适宜，一般比原土痕深栽5～10 cm。栽前剪除土球上包装物或扎绳，以利于根系和土壤结合生根，树干基部多堆土，使土球稳固不动摇，过高的树要用支架稳固，随后做好护圈。

4.4 浇水

北美海棠苗木移栽前浇水，树坑浇满水，切忌浇半坑水，若发现水下漏，应及时填土，直到土不再下沉为止，否则根系悬空透气与土壤结合不上，导致海棠苗木死亡。栽植后3天内再浇第2次透水，10天内浇第3次透水，以后浇水次数视天气、土壤和树种等情况而定，每次浇水都要培土、处理裂缝和做护圈。

4.5 海棠苗木后期管护

绿化施工结束后，北美海棠苗木的后期管护也不能忽视，特别是第1年管护，应做到以下几点。

4.5.1 用手轻推树干，看北美海棠苗木根系与土壤是否结合良好，若有明显的裂缝或松动，则说明栽植不到位，应及时补救。

4.5.2 观察树坑。土壤疏松有利于根系的萌发，为此，一方面看树坑有无积水，另一方面看浇水后是否松土、有无裂缝要处理。

4.5.3 观察北美海棠苗木是否栽植到位。若根系裸露在外，会造成北美海棠苗木死亡，应及时重栽。

4.5.4 观察大树支架是否稳固，以免风吹摆动使根系不能与土壤很好地结合，导致死亡。

4.5.5 观察新萌发幼芽长势，看叶片是否有卷曲、枯萎或非正常落叶的现象。

4.6 病虫害预防

该地区北美海棠的虫害有北美海棠红蜘蛛，防治方法：在生长季应用5%阿维菌素3 000倍喷洒或用8 000倍爱福丁喷洒防治。

5 结论

北美海棠喜向阳、肥沃、湿润的环境，耐寒，怕旱怕涝；不择土壤，因此北美海棠适宜在昌吉地区栽植。栽植后要马上浇头水，5天后浇二水，这两水必须浇足浇透，对浇水时冲出的坑洞也要及时封堵，防止根系外露。栽植后要注重管理，为保证北美海棠苗木旺盛生长，要做到以下几点。

5.1 用手轻推树干，看海棠苗木根系与土壤是否结合良好，若有明显的裂缝或松动，则说明栽植不到位，应及时补救。

5.2 观察树坑。土壤疏松有利于根系的萌发，为此，一方面看树坑有无积水，另一方面看浇水后是否松土、有无裂缝要处理。

虽然昌吉佃坝乡农业园区内的土地为种植土，但从未做过土壤改良，盐碱非常高。浇水后有些地方翻黑碱，治理黑碱最好的方法是换土，但工程量太大所以放弃这方法，而小范围压碱的作用不大。北美海棠苗木产地为石河子周边苗圃，共运400株栽植后成活240株，成活率只有60%。

3. 古树名木的复壮救护

见图3-22。

图3-22 古树名木的复壮救护

【工作任务实施记录与评价】

1. 制定乔木施工工作计划

师傅指导记录	施工工作计划质量评价	评价成绩
		年 月 日

2. 劳动力、用具等使用记录

日期	劳动力用量	施工机械	支柱	其他材料
检查质量评价				评价成绩
				时间

3. 学徒关键职业能力及职业品质、工匠精神评价

项目	A	B	C	D
工作态度				
吃苦耐劳				
团队协作				
沟通交流				
学习钻研				
认真负责				
诚实守信				

4. 学徒的考核

项目	85 分以上	70～85 分	60～70 分	不合格	权重
工作态度和考勤					50%
乔木移栽的成活率					10%
施工日志完成情况					5%
施工现场的清理					5%
施工工具的爱护与清点					5%
与其他施工员及现场工人等的交流与合作					5%
与监理方和甲方的交流					5%
学徒手册					10%
施工材料节约，施工成本					5%
总体评价					

任务 4　灌木种植施工

【专业知识准备】

一、苗木选择原则

根据工程设计图纸，列出灌木的品种、数量、规格、落实苗木供应来源，以及运到栽植地的运输情况及运苗方法。对符合规格、生长健壮无病虫害的灌木，应逐株做记号。高质量的灌木应具备的条件：根系发达完整，主根短直，接近根径范围内有较多的侧根和须根，起苗后根系无劈裂，树形优美，无病虫害和机械损伤。

二、北疆常见灌木和藤本

单瓣榆叶梅、重瓣榆叶梅、紫丁香、四季丁香、红丁香、白丁香、小叶丁香、暴马丁香、北京丁香、野樱桃、红瑞木、金叶红瑞木、金枝红瑞木、水蜡、金叶水蜡、紫叶水蜡、水蜡球、红叶小檗、绿叶小檗、金叶小檗、红果小檗、忍冬、蓝叶忍冬、金银忍冬、野蔷薇、疏花蔷薇、大果蔷薇、红枝蔷薇、密枝红叶李、紫枝玫瑰、连翘、东北连翘、花叶接骨木、枸杞、黑枸杞、金叶连翘、金钟连翘、花叶连翘、欧洲荚蒾、金山绣线菊、金焰绣线菊、日本绣线菊、白花绣线菊、土庄绣线菊、珍珠绣线菊、风箱果、金叶风箱果、紫叶风箱果、月季、丰花月季、品种月季、小红帽月季、地被月季、微型月季、树莓、木芙蓉、黄刺玫、金叶莸、紫叶矮樱、高接紫叶矮樱、香茶藨子、红果香茶藨子、黑果香茶藨子、榛子、大果榛子、大叶女贞、金叶女贞、小叶女贞、金边女贞、黄杨、雀舌黄杨球、红花麦李、白花麦李、西伯利亚接骨木、金叶接骨木、桃叶卫矛、雪柳、柠条、黑加仑、沙拐枣、沙冬青、木槿、多枝柽柳、梭梭、紫穗槐、紫花醉鱼木、迎春花、石楠、欧李、平枝荀子、木绣球、花棒、金银木、胡枝子、锦鸡儿、红王子锦带、金叶锦带、紫叶锦带、四季锦带、鞑靼忍冬、伊犁忍冬、珍珠梅、金露梅、中国丽豆、铃铛刺、金雀锦鸡儿、沙拐枣、大果玫瑰、金丝桃叶绣线菊、五叶地锦、葡萄、啤酒花、铺地拍、新疆方枝柏、爬地柏、朝鲜黄杨、牡丹、丝绵木、红花槐、树锦鸡儿、沙棘、大果沙棘、美国凌霄、藤本月季和树状月季等。

三、灌木施工标准

见图 3-23。

标准 1 密度不足：
因蓬径未达到规格要求，导致即时效果不佳，施工单位应无条件加密

标准 2 高度不足：
所有设计高度为修剪后高度，禁止出现高低反种

图 3-23　灌木施工标准

在师傅指导带领下，制定灌木种植施工的进度计划并进行任务分解，制定用具、劳动力的需求计划和工作计划，核算种植施工的成本效益，落实乔木施工任务，组织

好工人完成施工任务。

【任务目标与质量要求】

根据施工图、施工场地具体情况以及气候进行园林工程现场灌木的种植施工，能够根据苗木和土球大小确定栽植穴的大小，合理挖掘栽植穴或种植槽，维持其利于苗木根系生长的形状，将乔木定植于栽植穴中。若土质不适合植物生长，为了节约成本则需要进行穴状换土，能够计算换土的工程量。定植后合理覆土，并浇定根水。根据气候、土壤等情况确定浇水的频率和浇水量。选择合适的方法提高栽植的成活率。掌握园林工程工地种植施工的技术规程，分析解决生产中的技术问题，达到施工员岗位任职要求。

【学习产出目标】

1. 灌木栽植质量达到施工验收要求。
2. 栽植穴的大小符合苗木根系要求，根茎痕与原来位置持平。
3. 采用正确的方法提高乔木栽植成活率。
4. 起苗时苗木根系范围符合规范，土球不松散。
5. 灌木栽植过程中，无安全事件。
6. 围堰符合规范，起到蓄水作用。
7. 藤本栽植过程中要注意牵引。
8. 营养钵苗栽植后注意收集营养钵，不能造成环境污染。

【工作程序与方法要求】

起苗

根据灌木的高度确定土球的大小，灌木土球较小，一般只需要人工起苗。起苗工具要锋利。起苗前1~3天应当淋水使泥土松软，起苗要保证苗木根系完整。不能立即栽植时要进行假植

要求：土球的直径为灌木高度1/3，土球的高度为直径的2/3

起挖种植穴

根据灌木土球的大小确定种植穴和种植槽的大小，种植穴人工挖，种植槽机械挖。若机械不方便则用人工。若种植土不适宜则需要换土，为了节省成本，则用穴状换土，将起挖的土堆置一起拉出场外

要求：挖种植穴时注意底土和表土分开

起苗	根据灌木的高度确定土球的大小，灌木土球较小，一般只需要人工起苗。起苗工具要锋利。起苗前1~3天应当淋水使泥土松软，起苗要保证苗木根系完整。不能立即栽植时要进行假植	要求：土球的直径为灌木高度1/3，土球的高度为直径的2/3
起挖种植穴	根据灌木土球的大小确定种植穴和种植槽的大小，种植穴人工挖，种植槽机械挖。若机械不方便则用人工。若种植土不适宜则需要换土，为了节省成本，则用穴状换土，将起挖的土堆置一起拉出场外	要求：挖种植穴时注意底土和表土分开

【业务知识】

施工企业施工成本收入（表 3-13）

（1）施工人员基本费用：包括生活费、交通费和通信费，工人所需费用。

（2）现场工作协调费：给予现场协调甲方和监理方发生的费用。

（3）企业管理费用：包括企业人员工资、奖金、业务费、培训费等。各企业差异较大。

（4）现场工具用具费：包括铁锹、施工机械费、肥料、生根粉、支柱费、水费等。

表 3-13 施工企业成本收入

施工企业成本收入（元）	标准
成本（元）	
1. 施工人员费用	施工员 200 元/天，工人 100 元/天
2. 现场工作协调费	200 元/天
3. 水费	20 元/天
4. 机械费	300 元/天
利润（元）	2 元/株

【业务经验】

施工过程中应注意的问题

1. 种植土的要求

使用富含有机质，团粒结构完好的土壤，保证种植土具有较好的通气、透水和保肥能力，绿地内回填种植土时避免重型机械碾压，种植土的表层采用石碾压平整。

2. 土地的平整与翻耕

绿化工程开始前首先是平整土地，将地上、地下的杂物全部清理，对草坪、花卉种植地、播种地施足肥料。翻耕 25～30 cm，楼平耙细，去除杂物，平整度和坡度符合设计要求，通过整地翻地，再经过日照将害虫卵杀死，以保证花草树木的成活率。根据设计要求，可进行穴状换土和全面换土，全面换土深度为 30～40 cm。

3. 苗木修剪

种植前进行苗木根系修剪，将劈裂根、病虫根、过长根剪除，并对树冠进行修剪，保持地下、地上平衡。

4. 种植穴、槽的挖掘

种植穴槽挖掘前，向有关单位了解地下管线和隐蔽物埋设情况。种植穴槽挖掘采用人工进行。挖穴槽后，施入腐熟的有机肥作为基肥。

5. 苗木运输

苗木运输量根据种植量确定。苗木运到现场后及时栽植。苗木运输采用人工装卸，货车运输，装卸时应轻吊轻放，不得损伤苗木和造成散球。

6. 花灌木种植

树木种植采用人工进行，大型树木要吊车配合进行。土层干燥区种植前要浸穴。种植带土球树木时，不易腐烂的包装物必须拆除。种植时根系必须舒展，填土分层夯实，种植深度与原种植线一致或稍深。新种植树木在当日必须浇水，栽后一个星期内浇水三遍。带土球树木卸车时轻拿轻放，回填 15～20 cm 熟土（掺拌肥料）后要调整树苗的朝向一次放好，揭开包装并拿出，将缝隙充填捣实，还要保持高度一致。清除病虫苗和损伤苗，必须强调分层踏实。种植花灌木要按计划量卸苗，以丛为单位，按设计高度和枝数均匀放置在树坑周围及中间，随放苗随填土随调整高度，最后填土踩实。绿篱种植要按规定保持株行距离，树形丰满的一面朝外，按树高大小搭配均匀深浅一致，填土应分层踏实，按设计造形修剪。草花种植要先作床，翻地 25～30 cm，根据地形做畦，畦埂要宽窄一致，底边不超过 20 cm，并确保畦面平整以利于浇水。种植时要按设计图尺寸施工，必须强调的是绝对不允许带营养钵种植，也不能使土球破碎，要边种植边浇水，次日浇第二水。3～5 d 浇三遍水后就开始锄地、埋土、打头，一周后浇四遍水，同时上化肥，尿素用量为 13 kg/667 m^2。

7. 苗木浇灌

新植苗木的浇灌应以天然水为佳，之后 24 h 之内必须浇上一遍水，第二遍水随后进行，第三遍水在第二遍水后 3～5 d 内进行。注意：浇水必须浇足浇透，浇完第三遍后，应及时封堰，并在树干基部周围堆成 20～30 cm 高的土堆，以保持土壤内水分。

【案例分析】

毕业论文：灌木施工案例

克拉玛依中央大道东三街道路灌木施工与养护

摘要：城市道路绿化施工质量关系城市文明发展和市民的幸福指数。克拉玛依的气候和土壤严重影响园林植物栽植的成活率，尤其是反季节栽植。提高克拉玛依此类干旱少雨城市的栽植成活率是很多园林工作者关心的热点话题之一。本文为克拉玛依中央大道东三街道路绿化施工与养护过程及栽植成活情况进行了介绍。从道路施工中的施工前准备、绿化施工和养护中的栽植及病虫害的防治等方面作出了介绍及提出了合理化的建议。此次红叶李的成活率达到90%、金叶榆达到85%、单瓣榆叶梅达到75%、重瓣榆叶梅达到62%，平均值为78.5%，成活率不高表明栽植前的准备工作、栽植、养护工作必须仔细考虑，做到细致无遗漏，施工与养护的有机衔接能有效提高栽植成活率，达到节省成本，提升绿化品质的目的。

关键词：克拉玛依；道路绿化；灌木；养护

道路绿化是城市的绿色血脉，通过它可以把城市的各类绿地串连起来，构成城市的绿色系统。城市行道树作为城市园林绿化的骨干材料，在创造优美的城市环境和改善城市生态环境中发挥了十分重要的作用。城市绿化水平是一个城市文明发展的重要指标，城市道路绿化搞好了，生态环境和城市小气候得到改善，净化了空气，降低了噪声，滞留了尘埃。城市的道路绿起来以后，城市的品质得到提升，市民生活的幸福感得到了满足。

园林绿化工程十分复杂，施工管理对于整个工程来说有着重要的作用。道路绿化是一座城市发展美观的象征。提高公路行车安全、改善道路周边环境、维护生态平衡，道路的建设体现了道路绿化施工的重要性。这几年随着克拉玛依城市建设步伐的不断加快和园林绿化事业的迅猛发展，城市道路绿化品质不断提升。但是克拉玛依的气候和土壤条件相对恶劣，园林植物种类单一，影响美化效果，且严重影响绿化成活率。由于道路绿化建设的速度落后于道路建设的速度，造成大部分城市往往在完成道路建设后，才进行绿化建设，无形中增加了额外的绿化成本，而且绿地立地条件差，甚至还会在一定程度上对路面造成损坏。在具体的施工中，因为没有在施工与养护间建立良好的衔接关系，以及管理单位的养护人员经验和重视程度不足，而使得道路绿化施工中将过多的注意力放在了建设上，在养护方面比较忽视，使前期的投入浪费，这种情况令设计意图不能得到较好的展示。而后期的养护是决定园林植物成活的关键，为了提高克拉玛依中央大道东三街道路绿化之列，必须将施工和养护很好衔接，提高栽植成活率，降低施工成本。

1. 克拉玛依的地理位置与自然环境条件

1.1 地理位置

克拉玛依市地处东经84°42′，北纬45°36′。位于准噶尔盆地西北缘，加依尔山南麓，东北与和布克赛尔蒙古自治县相邻，东南与沙湾县相接，西部与托里县和乌苏县毗连。

1.2 地形、地貌特点

克拉玛依市地形呈斜条状，南北长，东西窄，西北高，东南低，绝大部分地区为戈壁滩，在海拔500 m以下，平均海拔400 m左右。

1.3 气候条件

克拉玛依市属典型大陆性气候，干旱少雨、春秋多风是其突出的气候特征。冬季寒冷，夏季炎热，春秋季较短，冬夏温差较大。

1.4 土壤条件

克拉玛依市全境大部分地区为戈壁荒漠，从南到北，土壤分布依次为棕钙土、荒漠灰钙土和灰棕色荒漠土。土质低劣，遍地砂砾，不少地方土壤含盐量高。因缺雨水冲刷，盐分板结在土壤表层上，形成严重的土壤盐碱化。境内“白碱滩区”就是因遍地白茫茫的盐碱而得名。由于具有干旱、少雨、多风、温差大等特征，植被一般比较稀少、矮小，多属能耐干旱、抗风沙、抗盐碱的藜科类植被。常见的有梭梭、沙枣树、骆驼刺、苦豆子、红柳等230余种。

2. 工程概况

2.1 工程名称：克拉玛依中央大道东三街道路绿化。

2.2 建设地点：中央大道东三街。

2.3 承包方式：包工包料。

2.4 质量要求：优良（苗木成活率100%）。

2.5 材料供应：按招标文件、合同及施工图纸的要求采购合格苗木及其他材料。

2.6 工期要求：2018年5月20日至2018年6月20日。

2.7 招标范围：施工图纸和工程量清单全部内容。包括：绿化总长度2.3 km，绿化面积8 956 m^2。

2.8 工程质量目标：乔木、灌木的成活率应达到100%；花卉种植地应无杂草、无枯黄，各种花卉生长茂盛，种植成活率达到98%以上；绿地整洁，表面平整；种植的植物材料的整修修剪应符合设计要求；绿地附属设施工程的质量验收应符合《建筑工程施工质量验收统一标准》GB 50300—2013的有关规定。

3. 施工准备

3.1　材料准备

水准仪、游标卡尺、卷尺、腻子粉、铁锹、锄头、十字镐、耙子、修枝剪等。

3.2　机械准备

联系机械（150型挖掘机、旋耕机），组织机械进场，进场后机械施工完毕安排在项目部临时停放处，放在平坦、坚实、不妨碍交通的地方。

3.3　人员准备

项目部管理人员在5月20日开工时必须按时到位，包括项目经理、技术负责人、施工员、预算员、安全员、质检员、资料员、材料员等。组建绿化种植施工班组，要保证工程按时保质的完成。对于劳动力还须做到：

3.3.1　按照开工日期（5月20日）和工程进度要求，组织劳动力进场。

3.3.2　在进场前，5月19日对工人进行安全、防火、文明施工等方面的教育。

3.3.3　对施工班组和工人进行施工组织进度计划、质量、安全等方面的技术交底。

3.4　场地平整

栽植区整细具体程序为：5月20日进场，进场之后首先用150型挖掘机根据设计标高进行粗略平整，大致清理现场的杂草和原有的破旧管线，以及挖除原有珍珠梅；5月22日旋耕机进场进行对挖掘机平整过后的场地松土；5月24日安排工人进场对于机械平整过后的场地采用人工进行精平（清理现场较大的石块，杂草、垃圾等）。

3.5　土壤处理

为了保证绿化工程对土质的要求，因此要对原地表土进行置换，方法为将原来的表层下建筑设施基础进行破碎，砼基础碎石清运出场外，含石砾的渣土深挖至下部黄土层，集中堆积成若干堆然后将下层黄土（符合绿化种植要求），翻挖至上部，接着把归堆的劣质土埋于地下，上部覆盖黄土，置换后的表层种植土要确保一定厚度，换土厚度50～80 cm厚，置换土方按原地就近原则，避免增加场内重复运输。

3.6　修剪

在定植前，苗木必须经过修剪，其主要目的是减少水分的散发，保证树势平衡以保证树木成活。因为气温上升很快，为了最大限度提高成活率，乔木可以重剪，灌木保持树形的情况下适当重剪。树木定植之前为了提高成活率，还应对根系进行适当修剪，主要是将断根、劈裂根、病虫根和过长的根剪去。修剪时剪口应平而光滑，并及时涂抹防腐剂以防过分蒸发、冻伤及病虫为害。

4. 绿化施工

4.1　施工放线

根据施工图纸对克拉玛依中央大道东三街道绿化工程进行定位放线，绿化共计约 4 820 m，种植宽度 10 m，种植面积约 48 200 m^2。以克拉玛依中央大道东三街道路边缘下面的栅栏为最外侧线，首先确定最外侧一条线，再根据这条线放内侧的两条线。以栅栏为边，最外侧线为 2 m，2 m 区域内根据施工图种植单、重瓣榆叶梅；以 2 m 外侧线为边，延伸放线，放线宽度为 8 m，8 m 种植区域种植红叶李、金叶榆，根据施工图纸放线确定好红叶李和金叶榆的间隔。

4.2　苗木简介

栽植的苗木分为四种：红叶李、金叶榆，单、重瓣榆叶梅，苗木统计见表 3-14。

表 3-14　绿化施工苗木统计表

序号	种类	面积（m^2）	高度（cm）	蓬径（cm）	栽植密度（株/m^2）
1	红叶李	28 691.6	45～50	31～35	20
2	金叶榆	9 130	45～50	30～35	16
3	单瓣榆叶梅	7 398.4	75～80	61～80	25
4	重瓣榆叶梅	2 115	75～80	61～80	25

4.2.1　红叶李

红叶李（*Prunus cerasifera*），别名：紫叶李，蔷薇科李属。灌木或小乔木，高可达 8 m；多分枝，枝条细长，开展，暗灰色，有时有棘刺；小枝暗红色，无毛；原产亚洲西南部，中国华北及其以南地区广为种植。叶常年紫红色，著名观叶树种，孤植群植皆宜，能衬托背景。尤其是紫色发亮的叶子，在绿叶丛中，像一株株永不败的花朵，在青山绿水中形成一道靓丽的风景线。

紫叶李喜阳光、温暖湿润气候，有一定的抗旱能力。对土壤适应性强，不耐干旱，较耐水湿，但在肥沃、深厚、排水良好的黏质中性、酸性土壤中生长良好，不耐碱。以沙砾土为好，黏质土亦能生长，根系较浅，萌生力较强。

4.2.2　金叶榆

金叶榆（*Ulmus pumilacv* ‘*Jinye*’）是榆科，榆属落叶乔木，高可达 10 m，树皮灰褐色浅纵裂，单叶互生，叶片卵圆形，金黄色，叶缘具锯齿，叶尖渐尖，互生于枝条上。聚伞花序，果翅黄白色，果梗较花被短，中国北方地区 4～5 月开花，果期 6～7 月。

金叶榆属阳性树种，喜光，耐旱，耐寒，耐贫瘠，不择土壤，根系发达，萌芽力强，耐修剪。生长快，寿命长，叶面滞尘能力强。金叶榆枝条密集，树冠丰满，造型丰富。广泛应用于道路、庭院及公园绿化。

4.2.3　榆叶梅

榆叶梅（*Amygdalus triloba*），又叫小桃红，因其叶片像榆树叶，花朵酷似梅花而得名。为灌木稀小乔木，高 2～3 m；枝条开展，具多数短小枝；小枝灰色，一年生枝灰褐色，无毛或幼时微被短柔毛；冬芽短小，长 2～3 mm。枝紫褐色，叶宽椭圆形至倒卵形，先端 3 裂状，缘有不等的粗重锯齿；花单瓣至重瓣，紫红色，1～2 朵生于叶腋，花期 4 月；核果红色，近球形，有毛。

喜光，稍耐阴，耐寒，能在－35℃下越冬。对土壤要求不严，以中性至微碱性而肥沃土壤为佳。根系发达，耐旱力强，不耐涝，抗病力强。生于低至中海拔的坡地或沟旁乔、灌木林下或林缘。

4.3　栽植穴的挖掘

施工机具为：铁锹、十字镐；用腻子粉、卷尺进行放线，放线时将苗木位置必须准确标记明显，应标明中心点的位置。开挖种植穴的大小时，根据榆叶梅的土球直径（20～30 cm）而定，种植穴必须垂直下挖，上口下底相等，挖掘时将表土与新土分开放置。观察种植穴是否干燥积水，干燥应于种植前浸穴，在种植前先向穴内浇灌水，种植前苗木的劈裂根、过长根进行修剪，按设计图纸的要求修剪，在运往种植穴时应保证苗木的土球不要松散，否则不易成活，用铁锹铲起土壤进行回填，回填 3～5 cm 时应用脚踩实直至土壤把种植穴填满。对种植的苗木进行浇水，定根水应浇足，如回填的土壤下沉之前回填的土壤低于种植穴，则对其回填比地面高度高 2 cm。

4.4　苗木栽植

栽植苗木（红叶李、金叶榆）时两名工人配合好，一名挖坑，一名拿苗，把苗木放入坑内用铁锹铲起土壤进行回填，回填过后用脚踩实，保证苗木栽植过后浇水时不倒伏。

栽植单、重瓣榆叶梅时放入挖好的种植穴里，用铁锹铲起土壤进行回填，回填 3～5 cm 时应用脚踩实直至土壤把种植穴填满，栽植时需要注意单、重瓣榆叶梅的区分，以免混淆种错。

栽植苗木时，苗木到场后不能在 10 h 种完的苗木，应采取保护措施。剩余未种完的裸根苗木（红叶李、金叶榆）放在紧邻施工现场的水池里，倒入生根粉，浸泡至少 5 h 以上，有利于苗木的成活；对于带有土球的单、重瓣榆叶梅，如有未栽植完的苗木，应放在背阴临近施工现场处，保证土球不要松散。

5. 养护与管理

5.1 浇水

因为此次绿化施工是在5月，这个时间段克拉玛依地区气温已经开始升高。因此移栽后，必须要及时进行浇水，确保树苗成长的水分；完成移栽后，就要浇灌一次透水，此次浇水必须要确保灌透、灌足，由工人用水管浇灌，当水渗透到土壤后就要立即封土。移栽后第3天再灌水一次，后面间隔一周再灌水一次。此次移栽选择阴天进行，因此移栽后一连多天都是阴云密布，所以对水分需求相对不高。随时安排人手，挖开树根土壤了解湿度情况，及时进行补水。

5.2 施肥

在林木移植过程中，追肥是改善其营养状况的重要措施。要提高苗木的生长量，必须要做好追肥措施。5月份栽植，到了6月下旬基本能够确定成活，就应该及时追肥。这个时间段苗木刚刚定根成活，接下来就是生长的高峰时期，及时追肥能够达到事半功倍的作用。

5.3 防治病虫害

绿化施工养护管理中，还必须要高度重视病虫害的防治工作，要以防重于治的原则，加强病虫害的预防工作。我们安排专人对苗木进行管护，及时清除掉病虫枝叶；还要加强修剪、松土、松草等各种养护管理工作，为灌木生长提供优良条件，提高灌木抵御病虫害的能力。

新栽植的灌木因为出土时或多或少伤根，自然抵抗力不强，而克拉玛依地区雨水少干旱多，因此极易患上溃疡病。巡查苗木，一旦发现病株当时就烧毁，防止传染给其他树木；发病初期采用甲基托布津或100倍多菌灵的液涂抹防治。

6. 小结与分析

6.1 成活率分析

工程种植面积约48 200 m^2，种植区长约6 000 m，宽约8 m，为期将近1个月。11月上旬经过统计红叶李的成活率达到90%、金叶榆达到85%、单瓣榆叶梅达到75%、重瓣榆叶梅达到62%。未达到验收标准，计划11月进行补植。

6.2 道路绿化施工中存在的主要问题

在施工中整理绿化地时我们只注重了清理垃圾、杂草、平整地面等方面，而忽略了土壤碱性过大的问题；由于赶工期或其他原因，土建与绿化由不同单位交叉施工时非常容易出问题，尤其在砌筑路边石的小细节上；在实际施工中往往由于工期限制或其他要求，高温栽植对养护提出更高的要求。

6.3 解决方法

6.3.1 绿化地的整理不只是简单的清理垃圾、除掉杂草，它的重要性是为了树木等植物能够更好地生长，保证植物的根部能充分吸收养料和水分。为了保证树木的良好生长，最好将 pH 控制在 5.5～7.0。可以用“硫酸铵”这种生理酸性肥料来降低盐碱的碱性，维持土壤的酸碱平衡，有利于树木更好地生长。

6.3.2　为了保证施工质量，必须按要求在路边石内侧接缝处用混凝土加固，保持稳定。路边石栽植地面引导雨水，要注意周围的排水坡度和约束能力，提前设置假接缝处等。

6.3.3　专人定期观察，加强养护管理，提高成活率。

7. 结论

克拉玛依中央大道东三街道路绿化施工及养护，经过统计平均成活率为 78%，并未达到预期成活率的要求。在整个栽植过程中，出现了以下问题：部分榆叶梅运至现场后出现苗木品质不符合要求的情况；对于这样的苗木现场技术人员当场拒收，以保证苗木栽植质量以及栽植成活率。栽植过后现场原有管线无法满足苗木的正常需水要求，前期苗木种植后有一小部分苗木第一遍水未能浇透，导致小部分苗木出现死亡的情况，以至于苗木缺水从而影响了苗木的成活率。经后期养护必须做到不干不浇，浇必浇透，保证每一株苗木的成活率。

红柳移栽施工方案

一、工程概况

因 6 标修路，路中间及周边碰到原生态小林红柳树木原因，需要移植红柳，现场红柳规格不一，最小的高 1 m 左右，最大可达 6 m 高，冠幅 3～4 m。

红柳简介：

乔木或灌木，高 3～6 m；老枝直立，暗褐红色，光亮，幼枝稠密细弱，常开展而下垂，红紫色或暗紫红色，有光泽；嫩枝繁密纤细，悬垂。叶鲜绿色，叶长圆状披针形或长卵形，长 1.5～1.8 mm，稍开展，先端尖，基部背面有龙骨状隆起，常呈薄膜质；上部绿色营养枝上的叶钻形或卵状披针形，半贴生，先端渐尖而内弯，基部变窄，长 1～3 mm，背面有龙骨状突起。每年开花两三次。每年春季开花，总状花序侧生在生木质化的小枝上，长 3～6 cm，宽 5～7 mm，花大而少，较稀疏而纤弱点垂，小枝亦下倾；花期 4～9 月。

二、编制依据

上级机关对该项工程的指示，建筑单位对施工的要求及现场具体情况。

三、施工方针及目标

1. 施工方针

优质、安全、文明施工；节能、减排、保护环境；诚信、守法、持续改进。

2. 施工目标

(1) 单位工程验收合格率100%，顾客满意度指数82.5以上，杜绝重大质量事故（重大质量事故零）。

(2) 杜绝重大人身伤害事故，重大交通事故、重大设备事故，轻伤以上零事故。

(3) 消灭重大责任环境污染事件、水气声排放达标、(固) 液废弃物处置符合规范和当地标准。

四、施工方法

1. 主要的施工工序

定点放线—树穴开挖—苗木起挖—苗木运输—苗木栽植—支撑保护—后期养护

2. 施工方法

(1) 定点放线

①定点放线方法。徒手定点放线，即放线时应选取图纸上已标明的固定物体（建筑或原有植物）作参照物，并在图和实地上量出它们与将要栽植植物之间的距离，并在图纸和实地上量出它们与将栽植植物之间的距离，然后用白灰或标桩在场地上加以标明，依此方法逐步确定植物栽植的具体位置，此法误差较大，只能在要求不高的绿地施工采用。

②定点放线后应立即复查标定的数量，并做好记载，挖穴时如发现定点标记模糊不清时须重新放线标定。

(2) 挖穴

①严格按定点放线标定的位置、规格挖掘树穴。

②树穴的规格应按移栽树木的规格、栽植方法、栽植地段的土壤条件来确定，裸根栽植的树苗，树穴直径应比裸根根幅放大1/2，树穴的深度为穴坑直径的3/4。

带土球栽植的树苗，树穴直径应比土球直径大40～50 cm，树穴的深度为穴坑直径的3/4。土壤黏重板结地段，树穴尺寸按规定再增加20%。土壤疏松地段，树穴尺寸按规定的规格缩小10%。

③挖掘树穴时，以定点标记为圆心，按规定的尺寸先划一圆圈，然后沿边线垂直向下挖掘，穴底平，切忌挖成锅底形。树穴达到规定深度后，还需再向下翻松约20 cm深，为根系生长创造条件。

④为利于土壤风化，应尽可能提前挖掘树穴，有条件的可于当年入冬前挖掘，翌年春季再栽植。

⑤施工地段如挖方或遇土壤特别黏重坚硬时，穴与穴之间应挖沟互相连通（抽槽或就近挖盲沟以利于排水），在填（虚）方土上挖掘树穴时应考虑到土壤下沉深度。

⑥挖掘树穴时，应将表土放置一侧以栽植时备用，而挖掘出来的建筑垃圾、废土杂物放置另一侧集中运出施工现场，并回填适量的种植土。

⑦在土壤瘠薄或透气性差的地段植树时，应先进行土壤改育再进行栽植。

⑧挖掘树穴时遇到各种地下管道、构筑物时，应立即停止操作，申报有关部门妥善解决。

(3) 起苗

①一般乔木红柳根径为苗木胸径的 10 倍。红柳灌木根径为苗木胸径的 8～10 倍，土球的高度为土球直径的 2/3，土球留底规格为土球直径的 1/3。

②挖苗如遇到土壤干燥时，应在挖苗前 2 天灌一次水，增加土壤黏着力。土壤过湿时应提前挖沟排水，以利于挖苗和减少根系的损伤。

③为便于红柳的挖掘和运输，宜在苗木挖掘之前对部分大规格乔木按要求进行适当疏枝或短截主干，对蓬散的红柳树冠进行适当的包扎。

④带土球红柳的挖掘

a. 挖掘红柳地径大于 8 cm 时均要带土球。

b. 掘苗前先剪处主干基部无用枝，并采用护干、护冠措施，再爆去表层土壤以不伤表层根为度。在保证土球规格的原则下将土球表修整光滑，呈上大下小倒卵圆形。

c. 包装材料要结实，草质包装物必须事先用水浸湿，土球包扎要紧密，土球底部要封严而不能漏土。

d. 挖苗和土球包装时，应注意防止苗木摇摆和机械损伤，确保土球完整。

e. 土球包装方法一般按以下规定实施：土球直径 50 cm 以下，橘瓣式包装（单股单轴）。土球直径在 55～80 cm 处打腰箍，橘瓣式包装（单股单轴）。

五、苗木假植

已挖掘的苗木因故不能及时栽植下去，应将苗木进行临时假植，以保持根部不脱水，但假植时间不应过长。

(1) 假植场地应选择靠近种植地点、排水良好、湿度适宜、避风、向阳、无霜害、近水源、搬运方便的地方。

(2) 裸根苗木假植采取掘沟埋根法：挖掘宽 1～1.5 m，深 0.4 m 的假植沟，将苗根朝北排放整齐，一层苗木一层土将根部埋严实，短时间假植（1～2 天）可用草席覆盖。遮阳、洒水、保温。

（3）带土球假植可将苗木直立，集中放在一起。若假植时间较长，应在四周培土至土球高度的 1/3 左右夯实，苗木周围用绳子系牢或立支柱。

（4）假植期间要加强养护管理，防止人为破坏。应适量浇水保持土壤湿润，但水量不宜过大，以免土球松软，晴天还应对常绿树冠枝叶喷水，注意防治病虫害。

（5）苗木休眠期移植，若遇气温低、湿度大、无风的天气，或苗木土球较大，在 1～2 d 内进行栽植时可不必假植，应用草帘覆盖。

六、苗木运输

（1）树木挖好后应在最短的时间内运到现场，坚持做到“随挖、随运、随种”的原则，装苗前要核对树种、规格、质量和数量，凡不符合要求的应予以更换。

（2）装卸、托运苗木时应重点保护好苗根，使根处在湿润条件下。长途运输裸根苗时采用根部垫湿草、沾泥浆，再行包装，在苗木全部装车后还要用绳索绑扎固定，避免摇晃，并用草席等覆盖遮光、挡风，避免风干或霉烂、尽量减少苗木的机械损伤。

（3）装运高大苗木要水平或倾斜放置，苗根应朝向车前方，带土球的苗木其土球小于 30 cm 时可摆放二层，土球较大时应将土球垫稳，一棵一棵排列紧实。装运灌木苗和高度在 1.5 m 以下带土球苗可以直立装车，但土球上不得站人或放置重物。

（4）苗木装运时，凡是与运输工具、绑缚物相接触的部位均要用草衬垫，避免损伤苗木。

（5）苗木装卸时要做到轻拿轻放，并按顺序搬移，不得随意抽拽，裸根苗木也不准整车装卸。

（6）带土球苗木在装卸时不准提拉枝干，土球较小时，应抱住土球装卸，若土球过大时，要用麻绳、夹板做好牵引，在板桥上轻轻滑移或采用吊车装卸，勿使土球摔碎。

（7）苗木装卸时，技术负责人要到现场指挥，防止机械吊装碰断杆线等事故发生，同时还要注意人身安全。

七、苗木移栽前的修剪

（1）移栽树木修剪的目的是为了调整树行、均衡树势、减少蒸腾，提高移栽树木的成活率，修剪主要是指修枝和剪根两部分。

（2）修枝量要视树种、苗木移栽成活的难易程度、栽植方法、挖苗的质量来确定。萌生能力强、根系发达、带土球移栽，挖根质量好的可适当减少修剪量。

（3）修剪应保持自然的树形，应剪去内膛细弱枝、重叠枝、下垂枝，对病虫枝、枯死枝、折断枝必须剪除，过长徒长枝应加以控制。

（4）红柳乔木的修剪

掘苗前对树形高大，具明显中央领导干、主轴明显的红柳应以疏枝为主，保护主轴的顶芽，使中央领导干直立生长；对主轴不明显的红柳，应通过修剪控制与主枝竞争的侧枝，使领导枝直立生长；对已萌发新枝条的红柳，栽植时注意不要造成下部枝干劈断，定干的高度根据环境条件来定，一般为 3～4 m；对萌发枝强的灌木，常短截修剪，一般保持树冠呈半球形、球形、圆形等；对根糵萌发力强的红柳灌木，常以疏剪老枝为主，短截为辅，疏枝修剪应掌握外密内稀的原则，以利通风透光；灌木疏枝应从根径处于地平面齐平，短截枝条应选在叶芽上方 0.3～0.5 cm 处，剪口应稍微倾斜向背芽的一面。

（5）根系的修剪：裸根苗木移栽前应剪掉腐烂根、细长根、劈裂损伤根，对于较粗大的根截口平滑，有利于愈合。

八、苗木栽植

1. 按设计方案要求的规格、数量进行定位栽植

2. 规则式栽植

（1）树干定位必须横平竖直，树干应在一条直线上。

（2）相邻近苗木规格（干径、高度、冠幅、分枝点）应要求一致，或相邻树高度不超过 50 cm，胸径不超过 1 cm。

③栽植时最好先选定植标杆树，然后以标杆树为瞄准的依据，三点连成一线，全面开展定植工作。

3. 丛植苗木定植

（1）树木高矮、干径及体量大小要搭配合理，合乎自然要求。

（2）从四面观赏的树丛，要将高的苗木定植中间或根据需要偏于一隅，矮的苗木定植四周。

4. 孤植树定植

（1）应将最好的观赏面迎着主要方向。

（2）孤植的大树若干有弯曲，将其干凹的一面应尽量朝西北方向。

5. 植物栽植时要保持树体端正、上下垂直，不得倾斜，并尽量可能照顾到原生长地时所处的阴阳面。

6. 置放苗木要做到轻拿轻放，裸根苗直接放入树穴，带土球苗木暂时放树穴一边，但不得影响交通。

7. 栽植方法

(1) 苗木栽植深浅程度

①一般栽植裸根红柳，根径部位易生不定根的树种时，或遇栽植地为排水良好的沙壤土，均可适当栽植深些，其根径（原土痕）处低于地面5～10 cm。

②栽植地为排水不良的黏性土壤均不得深栽，根径部略低于地面2～3 cm或平于地面。

(2) 带土球红柳栽植方法

①带土球苗木吊放树穴时，应选择树冠最佳面为主要欣赏方向，必须一次性妥善放置到树穴内，将苗扶正。如需要转动时。须使土球略倾斜后，慢慢旋转，切勿强拉硬扯造成土球破损。

②土球放置树穴后，要全部剪开土球包装物，尽量取出，使土球泥面与回填土密切结合。

③带土球苗栽植前，应先将表土（营养土）填入靠近土球部分，当填土20～30 cm时应踏实一次，大型土块要敲碎，将细土分层填入，逐层脚踏或用锹把土夯实，注意不要损伤根或土球。

④栽植后应将捆绕树冠的草绳解开，使枝条舒展。

(3) 裸根红柳栽植方法

①裸根苗木入坑前，先将表土（营养土）填入坑穴至一个小土包，以便裸根苗木放入树穴后根系自然伸展。

②裸根苗木栽植前必须将包装物全部清除坑外，避免日后气温升高，包装材料腐烂发热，影响根系正常生长。

③栽植裸根苗木时，在回填土回填至一半时，需将树苗向上稍微提一下，以便使根颈处与地面相平或略低于地面，用脚塌实土壤。

(4) 围堰

树苗栽好后，应在树穴周围用土筑成高15～20 cm的土围子，其内径大于树穴直径，围堰要筑实，围底要平，用于浇水时挡水用。

8. 浇水

移栽苗木定植后必须浇足三次水，第一次要及时浇透定根水，渗入土层约30 cm深，使泥土充分吸收水分与根系紧密结合，以利于根系的恢复和生长；第二次浇水应在定根后2～3 d进行；再相隔10 d左右浇第三次水，并灌足灌透以后可根据实际情况酌情浇水。

①新移植的常绿树除了对根部浇水外，还要多向树冠和叶片喷水，以减少树体蒸腾而失水。

②灌溉水以自来水、井水，无污染的湖、塘水为宜。为节约用水，不含有毒物质的工业废水、生活废水经过处理后也常做为灌溉用水。

③在灌水时，切忌水流量过大，冲毁围堰，如发生土壤下陷，应将树木及时扶正培土。

9. 封堰三遍水之后，待充分渗透，用细土封堰，填土 20 cm，保水护根以利于成活。

10. 设置支柱及保护器

为减少人为和自然损害造成的树木倾斜或损伤，需要设立支柱或保护器保护。

(1) 缠干：对新植红柳用草绳缠干，其高度为 1.3 m。

(2) 立支柱：栽植树冠较大的乔木，应立支柱支撑。

九、施工准备

1. 技术准备

施工前组织有关工程技术人员认真学习施工图纸，了解设计意图，并组织图纸会审，及时解决图纸中的有关问题。积极组织图纸深化工作，与设计单位进行沟通，确保深化图纸在满足设计、规范要求的前提下便于构件加工制作和现场安装。

2. 物资准备

编制材料、施工设备、工具计划。

3. 现场准备

提前做好现场布置，为吊车的开行提供便利条件。

4. 机械准备

吊装设备、机具计划。

十、质量保证措施

(1) 加强工序质量管理，各道工序严格执行“自检、互检、交接检”三检制，上道工序验收合格后，方可进行下道工序施工。

(2) 要认真做好技术交底工作。开工前应逐级进行书面技术交底，技术交底中除说明施工方法，技术操作要领外，必须明确质量标准及质量要求。

(3) 为保证吊装的位置准确，加强测量定位工作；必须吊装一株，校正一株，固定一株。

十一、安全保证措施

(1) 起吊时必须有专人用口哨及红蓝旗指挥。

(2) 设置吊装警戒区，无关人员严禁进入；设置安全通道，吊装工人必须从安全通道进入。

（3）吊车起重臂下严禁站人。

（4）坚持用好安全“三件宝”。进入现场必须戴安全帽，高空作业人员必须系牢安全带，穿软底防滑绝缘鞋，吊装区设安全绳或挂网。

（5）做好工人的进场教育。

（6）特种作业持证上岗，严禁无证操作。

（7）认真做好安全技术交底工作，做到班前有交底，班中有检查，班后有总结，定期召开安全生产例会。加强吊装索具的检查，每周一次，对于损坏的索具严禁使用。

（8）把好高空作业安全关。高空作业人员应经体检合格才能上岗，严禁酒后上岗及工作期间打闹。小型工具等应放在专用工具袋内，使用工具时要握持牢固，防止物件失落伤人，施工尽量避免直线垂直交叉作业。

（9）抓好现场防火工作。

十二、环境保护及职业健康

（1）严格遵守国家有关劳动者每日工作时间的工作制度，员工做到文明施工，做到“三不伤害”，不随意延长劳动时间，员工享有安全健康的劳动环境和条件的权利，对违章指挥冒险作业有权拒绝执行。

（2）加强环境监控，确保工人作业时避免受到环境污染。

（3）施工时遇大风、大雨等恶劣天气停止室外作业。

（4）严格按标准给职工发放劳动保护用品，建立“劳动防护用品发放台账”。

（5）对施工现场的沟坝加强覆，以防止职工跌倒受伤。

（6）对危害职工健康的行为，职工有权向员工代表投诉。

十三、病虫害防治

红柳树主要害虫有梨剑纹夜蛾危害叶片，可在幼虫期以敌百虫800～1 000倍液喷洒防治；蚜虫可用40%乐果2 000倍液喷杀。苗木立枯病是柽柳的主要病害，它的危害期不同，其症状有4个类型，要积极地做好防治工作。

【工作任务实施记录与评价】

1. 制定乔木施工工作计划

师傅指导记录	施工工作计划质量评价	评价成绩
		年　月　日

2. 劳动力、用具等使用记录

日期	劳动力用量	施工机械	支柱	其他材料
检查质量评价				评价成绩
				时间

3. 学徒关键职业能力及职业品质、工匠精神评价

项目	A	B	C	D
工作态度				
吃苦耐劳				
团队协作				
沟通交流				
学习钻研				
认真负责				
诚实守信				

4. 学徒的考核

项目	85 分以上	70～85 分	60～70 分	不合格	权重
工作态度和考勤					50%
灌木移栽的成活率					10%
施工日志完成情况					5%
施工现场的清理					5%
施工工具的爱护与清点					5%
与其他施工员及现场工人等的交流与合作					5%
与监理方和甲方的交流					5%
学徒手册					10%
施工材料节约，施工成本					5%
总体评价					

任务5　地被植物种植施工

【专业知识准备】

要种植既低矮又能覆盖地面，同时美化环境的植物，就应该了解地被植物的概念、分类、特性以及地被植物选择的条件，正确进行地被植物的栽植和养护，使其能尽快起到覆盖地面的作用。

一、地被植物

能覆盖地面并有一定观赏价值的低矮植物叫地被植物。地被植物种植后能很快覆盖地面，形成一层茂密的枝叶，将土层稳定，同时还会有不同深浅的绿色和美丽的花色供人们欣赏。本章所涉及的地被植物是指草本类的地被植物。

地被花卉是指株丛紧密、低矮，用以覆盖同林地面而免杂草滋生并形成一定的园林地被景观的植物种类。这些地被植物大多生长低矮，扩展性强，控制高度在30～50 cm或稍高，具有地面使用价值或具有观赏价值。它们比草坪应用更为灵活，在不良土壤、树荫浓密以及黄土暴露的地方，可以代替草坪生长。

草坪施工工艺见图3-24。

二、北疆常见的地被植物

美人蕉、大丽花、小丽花、落新妇、蛇鞭菊、天竺葵、郁金香、羽衣甘蓝、紫茉莉、茑萝、虞美人、荷包牡丹、矮牵牛、万寿菊、一串红、鸡冠花、孔雀草、百日草、三色堇、夏堇、美女樱、蜀葵、矢车菊、勋章菊、宿根天人菊、堆心菊、黑心菊、金光菊、翠菊、波斯菊、紫锥菊、滨菊、地被菊、荷兰菊、北京小菊、银叶菊、麦秆菊、勋章菊、千日红、茼蒿菊、瓜叶菊、菊芋、观赏蒲公英、常夏石竹、须苞石竹、美国石竹、毛地黄、香豌豆、彩叶草、五色苋、垂盆草、芍药、月见草、长春花、紫露草、薰衣草、加拿大一枝黄花、耧斗菜、福禄考、紫菀、二月兰、金鱼草、银边翠、地肤、凌霄、牵牛花、金银花、四季海棠、射干、鸢尾、醉蝶花、毛地黄、飞燕草、草芙蓉、钓钟柳、玉簪、萱草、八宝景天、德国景天、宽叶景天、三七景天、佛甲草、蓝花亚麻、剪秋罗、紫花地丁、诸葛菜、凤仙花、半枝莲、马兰、鼠尾草、红蓼、黑麦草、早熟禾、紫羊茅、高羊茅、剪股颖等。

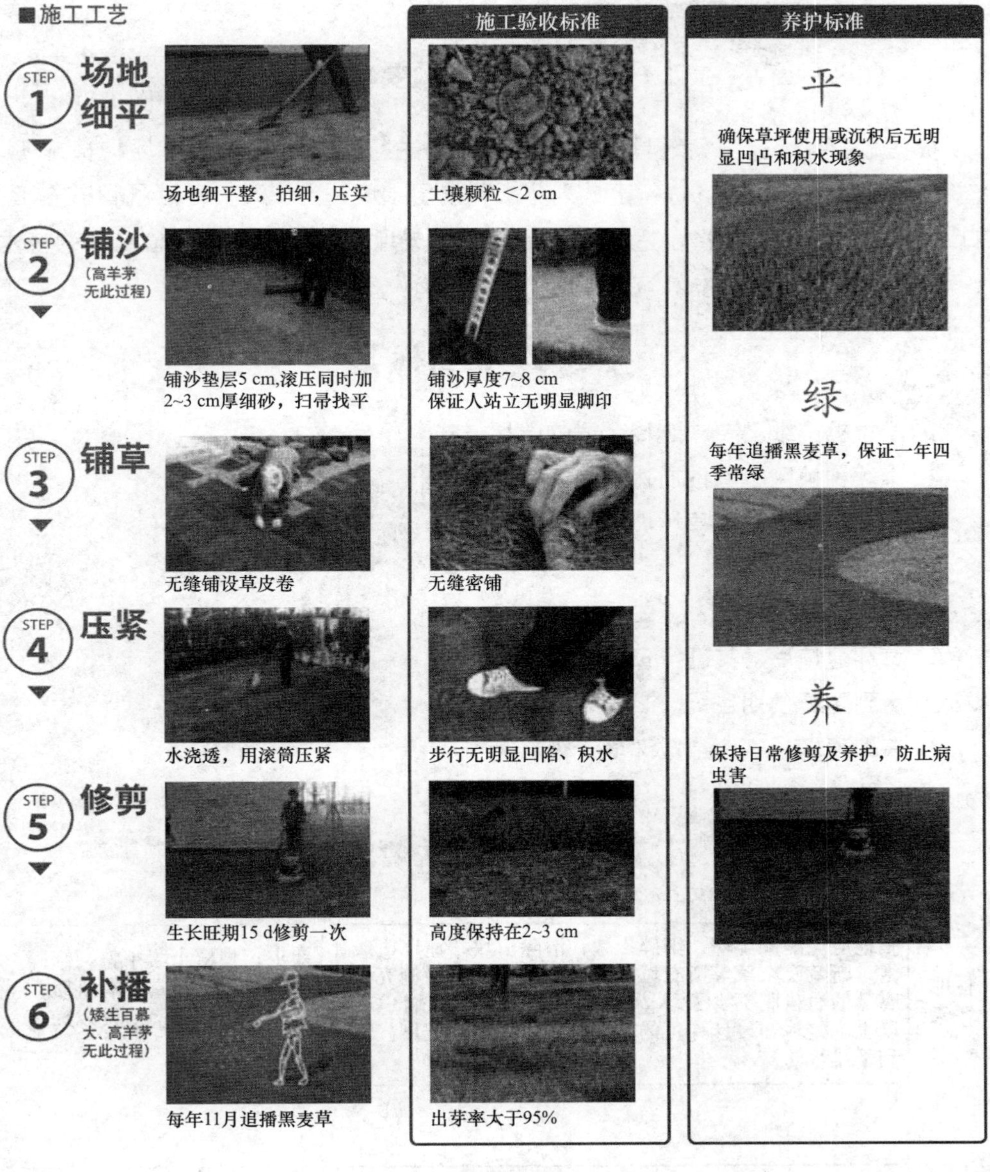

图 3-24　草坪施工工艺

任务 5.1　草坪种植施工

在师傅的带领指导下，根据施工图纸对草坪种植区域进行现场建植条件分析，核算草坪种植施工的成本，落实机械、水电、管道、种植材料准备等任务，组织好机械、工人完成现场清理、地形整理、管网铺设、草坪种植施工任务并对草坪进行建植后的养护管理工作。

【任务目标与质量要求】

根据施工图，施工场地具体情况以及气候进行园林工程现场草坪种植施工，能够根据施工图纸对现场进行区域划分、种植层土壤测定、改良；灌溉管道施工；草坪种植、养护等，选择合适的方法提高草坪成坪率。掌握草坪种植施工的技术规程，分析解决生产中技术问题，达到施工员岗位任职要求。

【学习产出目标】

1. 能根据图纸及要求选择合适的建坪方式。
2. 草坪种植区土壤性质达到施工验收要求。
3. 定点放线，确定草坪坡度。
4. 铺设灌溉管道。
5. 草坪建植施工中，无安全事件。
6. 草坪建植后对其进行日常管理。
7. 达到图纸预期目标。
8. 清理现场，不能造成环境污染。

【工作程序与方法要求】

整理坪床	整地应先翻起土壤、细碎土块，清除石块、瓦片、残根、断茎及杂草等所有垃圾。基本粗平后，撒施充分腐熟的有机肥不少于5 kg/m，然后用旋耕机深翻30 cm以上。整地在设计许可的范围内可提高排水坡度，以利于排水防涝	要求：种植土壤平整、细碎，无建筑垃圾，富含有机质，不得出现积水或浇水不均匀现象
铺设管网	根据施工图纸要求，定点放线,开挖管沟,铺设管网。严格按照图纸要求对管沟开挖标准进行验收，铺管最大坡度、管口吻合度等严格按照标准验收	要求：管沟“四齐”，管道接口平齐，水压稳定
播种/铺种草坪	根据工程图纸要求选择草种，或者根据前期坪床准备具体情况，选择合适草种，进行播种。 种子撒播：播种量2~18 g/m^2，播种后进行覆土，覆土厚度1 cm左右，在进行碾压，浇透水。 草皮块铺种：又称营养钵繁殖，成坪快	要求：1. 根据工程图纸要求选择草种； 2. 无明确要求的可根据坪床分析选择最佳草种

管理幼坪	1. 播种6~8 d即可出芽，此阶段关键环节是不能缺水，灌水时灌水速度不应超过土壤有效的吸水速度，灌水应持续到土壤2.5~5 cm深完全浸润为止； 2. 在草坪尚未形成结实的株丛前，草坪不宜践踏； 3. 仔细观看，对于出苗不佳的区域及时进行补种	要求：1. 保证充足的水肥； 2. 及时补种
验收	1. 成坪后验收； 2. 草坪质量评价	要求：能正确判断草坪成活量以及草坪质量

【业务知识】

1. 冷季型草坪草种混配原则

建坪种 50%，保护种 30%，伴生种 10%～20%。

2. 草坪播种时间选择

北方冷季型草坪播种时间可参考表 3-15。

表 3-15　北方冷季型草坪播种时间

播种时间	优点	不足
9 月底至 10 月初播种	此时大多数温度适合草种萌发，而且杂草生长处于末期，能大大降低草坪杂草丛生	遇“秋延晚”30℃高温时，需要遮草帘保湿、降温 遇秋季低于 15℃低温时，需要人工催芽以及覆膜增温
4 月中上旬播种	温度适合草种萌发，成坪快	同时也是杂草迅速生长阶段，随着温度升高，幼坪需水量增加

3. 管网铺设要求

（1）管沟开挖符合施工要求。

（2）管网埋深符合施工要求。

（3）管网铺设坡度符合要求。

（4）管材选择符合要求。

（5）管网连接技术过关，要求平齐。

4. 施工企业施工成本收入（表 3-16）

（1）施工人员基本费用：包括生活费、交通费和通信费，工人所需费用。

（2）现场工作协调费：给予现场协调甲方和监理方发生的费用。

（3）企业管理费用：包括企业人员工资、奖金、业务费、培训费等。各企业差异较大。

（4）现场工具用具费：包括铁锹、施工机械费、肥料、生根粉、支柱费、水费等。

表 3-16　施工企业成本收入

施工企业成本收入（元）	标准
成本（元）	
1. 施工人员费用	施工员 200 元/天，工人 100 元/天
2. 现场工作协调费	200 元/天
3. 水费	20 元/天
4. 机械费	300 元/天
利润（元）	元/m^2

【业务经验】

1. 草坪建植中如何有效减少杂草

（1）坪床清理时彻底清除杂物、草根等。

（2）在坪床整理时，施用农家肥必须充分腐熟。

（3）播种前 2 周使用高效、低毒、残效期短的灭生性除草剂；另外，用药还需注意主要防除对象，不同的杂草用不同的除草剂。

2. 草坪养护的工作月历

草坪一年的养护期，在 1 月和 2 月草坪已进入休眠期，无须花太多精力，草坪养护一般从 3 月份开始到 12 月末结束，见表 3-17。

表 3-17　草坪养护的工作月历

月份	温度范围	主要工作
3 月	气温 4℃左右 地温 5.5℃	1. 打孔铺沙防止土壤板结。 2. 疏草，去枯草层。 3. 浇返青水，土壤解冻后尽早浇返青水，要浇透，浇勤。 4. 施肥，适当施用 N，P，K 复合肥或有机肥，为草坪返青提供养料，施肥标准一般为 30～40 g/m^2。 5. 若要新种植草坪，3 月下旬即可开始。种植前最好对土壤进行消毒杀菌
4 月	气温 13℃左右 地温 15.6℃	1. 浇水，需水量较大阶段，根据降水及土壤的干湿程度浇水。 2. 修剪，当草坪长至 5～8 cm 时开始修剪，每次修剪长度不超过草高的 1/3。 3. 追肥、施保护性杀菌剂，增强草坪的抗病能力。 4. 除草，去除杂草

续表 3-17

月份	温度范围	主要工作
5月	气温 20℃左右 地温 24.5℃	1. 浇水，草坪快速生长期，需保证水分充足。 2. 修剪，草坪生长旺盛期，控制草坪高度＜10 cm，修剪后的草屑要及时清除。 3. 病害防治，草坪病害预发期。防与治相结合。 4. 除地下害虫，草坪除虫关键期。 5. 除草，草坪杂草萌发期，同时也是杂草除草效果最好的时期
6月	气温 24℃ 地温 29℃	1. 浇水，同时防止积水。一次浇透，干透再浇。尽量避免高温浇水。 2. 修剪，草坪生长较快，要及时修剪，修剪后及时清除草屑。此时可适当提高留茬 1.5 cm 左右。 3. 病虫害防治，此时草坪病害已开始大量发生，预防为主，早发现，早治疗。若出现病斑，应对病斑处进行重点喷施药液
7月	气温 26℃， 地温 29.5℃	1. 浇水，根据天气情况适当补充水分，同时注意防止雨后积水。 2. 修剪，7 月草坪生长较快，要及时修剪，修剪后的草屑要及时清除。 3. 病害防治，草坪发病高峰期，也是草坪养护最困难的时期，此时的病害防治是这段时期的工作重心，防治结合，病斑处重点防治。 4. 病草的恢复，发病后长势较弱的草可用草坪稀施美＋三十烷醇＋磷酸二氢钾配合使用，对草坪的恢复有良好的效果。 5. 追肥，根据草坪长势，适当施用一些氨基酸螯合的叶面肥。切忌施用氮肥。可在施杀菌剂时一起使用
8月	气温 24.5℃， 地温 28℃	1. 浇水，根据天气情况适当补充水分，同时注意防止雨后积水。 2. 修剪，草坪生长较快，要及时修剪，修剪后的草屑要及时清除。 3. 病害防治，同 7 月病虫害防治措施
9月	气温 19.5℃， 地温 22℃	1. 浇水，充分浇水，促进夏后草坪的迅速恢复。 2. 修剪，及时修剪，修剪后草屑要及时清除，留茬恢复到以前高度。 3. 病害防治，此时草坪病害已明显减轻，工作重心是促进草坪的恢复。 4. 病草恢复期，防与治相结合。 5. 追肥，施用一些氮肥或复合肥，为接下来草坪的生长提供营养。同时结合打孔疏草。 6. 除地下害虫，此时由于气温下降，地下害虫又开始大量繁殖，因此，此时也是除虫的关键时期
10月	气温 12.5℃， 地温 14℃	1. 浇水，根据土壤情况适当浇水。 2. 修剪，按照本地绿化要求进行合理修剪

续表 3-17

月份	温度范围	主要工作
11 月	气温 3.5℃，地温 5℃	1. 浇水，根据土壤情况适当浇水。 2. 修剪，按照本地绿化要求进行合理修剪。 3. 施肥，此时为一年中最后一次施肥，一般用复合肥，它对延长草坪绿期，增强草坪抗冻能力以及对草坪来年的返青都有极大的好处
12 月	气温－3℃，地温－4℃	在土上冻之前给草坪浇足够的冻水，有利于草坪过冬

【案例分析】

××景观带草坪建植施工方案

（以冷季型草坪为例）

在园林种植工程施工中，草坪种植往往是最后一个种植环节。草坪种植施工流程如下：地形整理→管网铺设→铺种草坪草→幼坪管理→竣工验收。

1. 前期准备及地形整理

铺设草坪和栽植其他植物不同，在建造完成以后，地形和土壤条件很难再行改变。要想得到高质量的草坪，应在铺设前对场地进行处理，主要应考虑地形处理、土壤改良及做好排灌系统。

为了使草坪保持优良的质量，减少管理费用，应尽可能使土层厚度达到 40 cm 左右，最好不小于 30 cm，在小于 30 cm 的地方应加厚土层。土地的平整与耕翻是为草坪植物的根系生长创造条件；杂草与杂物的清除是为了消灭多年生杂草，为避免草坪建成后杂草与草坪草争夺水分、养料，所以在种草前应彻底清理杂草。整地时施入优质的有机肥料作基肥。切勿直接施用家畜肥粪，因其中含有大量杂草种籽，会造成以后草坪中野草滋生，后患无穷。

在换土或耕翻后浇灌一次透水或滚压 2 遍，使坚实不同的地方能显出高低，以利最后平整时加以调整。

2. 管网铺设

草坪建植中放线定点往往与地形整理同步开展，主要针对地形特征，需要考虑排除地面水，因此，最后平整地面时，要结合考虑地面排水问题。不能有低凹处，以避免积水。草坪多利用缓坡来排水，在一定面积内修一条缓坡的沟道，其下端可设雨水口接纳排出的地面水，并经地下管道排走，或以沟直接与湖池相连。理想的平坦草坪的表面应是中部稍高，逐渐向四周或边缘倾斜。

3. 铺种草坪草

草坪建植可分播种草坪和草皮移栽两种。

（1）播种法

① 种子的质量。质量指两方面：一是纯度，二是发芽率。一般要求纯度在98%以上，发芽率在85%以上。

② 种子的处理。为了提高发芽率，达到苗全、苗壮的目的，在播种前可对种子加以催芽处理。

③ 播种量。应根据草种、种子发芽率来确定种子播种量，种子有单播和2～3种混播的，单播时，一般用量为12～18 g/m^2。

④ 播种。选择无风或微风天气进行，机械播种播2～4次，保证播量准确，播撒均匀。

⑤ 覆土镇压。播种后，用覆土耙进行覆土2次以上，覆厚0.2 cm，之后用50～80 kg滚筒进行镇压2次，确保草种与土壤接触紧密，坪床具有一定的紧实度。

播后24 h内进行第一次喷灌，喷湿土壤5～10 cm，1 d喷2～3遍，保证坪床湿润，直至种子发芽。发芽后20 d，保证2～3 d对草坪进行一次喷灌，之后每3～5 d对草坪进行一次喷灌，直至成坪。

（2）草皮分栽铺植

① 以生长健壮的草坪作草源地，草源地的土壤若过于干燥，应在掘草前灌水。掘取草根，其根部最好多带一些宿土，掘后及时装车运走，将草要堆放在阴凉之处，堆入要薄，并经常喷水保持草根潮湿，必要时可搭阴棚存放。草块选择无杂草、生长势好，无病虫害的草源。

② 起草皮规格宜为30 cm×30 cm，厚度掌握在3～5 cm适宜，否则运输不易，铺植时草皮根系也不容易与原地形土壤相结合而扎根。草皮运输时应在运输车上用木板分置2～3层，以免卸车时的草皮破损。

③ 草皮压紧后浇第一遍透水，保证坪床5～10 cm湿润，使草皮恢复原色或失水不宜过多，之后每隔3～4 d浇一次水，以保证草皮的需水量。保证滚压和浇水，直到草皮生根而转到正常的养护管理。

4. 幼坪管理

（1）幼坪水分管理是成坪关键环节；播种6～8 d即可出芽，此阶段不能缺水，灌水时灌水速度不应超过土壤有效的吸水速度，灌水应持续到土壤2.5～5 cm深，完全浸润为止。

（2）幼坪期间的保护。在草坪尚未形成结实的株丛前，草坪不宜践踏。

（3）仔细观看，对于出苗不佳的区域及时进行补种。

当播种的草坪或者移栽的草皮形成新根后即可转入草坪正常养护管理。

5. 竣工验收

【工作任务实施记录与评价】

1. 制定花卉种植施工工作计划

师傅指导记录	施工工作计划质量评价	评价成绩
		年　月　日

2. 劳动力、用具等使用记录

日期	劳动力用量	施工机械	遮盖防护资料	其他材料
检查质量评价				评价成绩
				时间

3. 学徒关键职业能力及职业品质、工匠精神评价

项目	A	B	C	D
工作态度				
吃苦耐劳				
团队协作				
诚实守信				
精益求精				
沟通交流				
学习钻研				
认真负责				

4. 学徒的考核

项目	85 分以上	70～85 分	60～70 分	不合格	权重
工作态度和考勤					50%
地被植物移栽的成活率；草坪的成坪率					10%
施工日志完成情况					5%
施工现场的清理					5%
施工工具的爱护与清点					5%
与其他施工员及现场工人等的交流与合作					5%
与监理方和甲方的交流					5%
学徒手册					10%
施工材料节约，施工成本					5%
总体评价					

任务 5.2　花卉种植施工

在师傅指导带领下，根据施工图纸对花卉种植区域进行规划并进行任务分解。制定用具、劳动力的需求计划和花卉整体定植工作计划，核算种植施工的成本效益，落实花苗运送、暂贮等任务，组织好工人完成花卉种植施工任务并对花卉进行栽植后的养护管理工作。

【任务目标与质量要求】

根据施工图、施工场地具体情况以及气候进行园林工程现场花卉种植施工，能够根据施工图纸对现场进行区域划分、地形整理，种植层土壤测定、改良；定点放线；起苗、运苗；栽植、养护等等，选择合适的方法提高栽植的成活率。掌握园林工程工地花卉种植施工的技术规程，分析解决生产中技术问题，达到施工员岗位任职要求。

【学习产出目标】

1. 花卉种植区土壤性质达到施工验收要求。
2. 辨别花苗的质量，达到与图纸要求吻合，并且花苗质量高，确保成活。

3. 定点放线，绘制出花卉种植轮廓。
4. 整个施工过程时间环环相扣，不出现“窝工”等现象。
5. 花卉种植施工中，无安全事件。
6. 花卉种植后对其进行日常管理。
7. 达到图纸预期目标。
8. 花卉栽植后进行现场清理，不能造成环境污染。

【工作程序与方法要求】

程序	方法	要求
地形整理	整地应先翻起土壤、细碎土块，清除石块、瓦片、残根、断茎及杂草等所有垃圾。基本粗平后，撒施充分腐熟的有机肥不少于5 kg/m²，然后用旋耕机深翻30 cm以上。整地在设计许可的范围内可提高排水坡度，以利于排水防涝	要求：种植土壤平整、细碎，无建筑垃圾，富含有机质，不得出现积水或浇水不均匀现象
定点放线	用经纬仪、标杆、测绳、钢尺等仪器和工具参照已施工完毕的建筑物如园路、广场等设施位置，采用几何法、方格网法，勾勒出轮廓线并明显标记；对关键的位置精确定点，测放出花卉栽植轮廓	要求：测放出花卉栽植轮廓线
起苗及运输	使湿润的土壤附在根群上，避免掘苗时根系受伤。裸根移植的苗，用手铲将苗带土掘起，然后将根群附着的土块轻轻抖落，勿将细根拉断或使其受伤，随即进行栽植。栽植前勿使根群长时间暴露于强烈日光下或强风吹袭。带土移植的苗，先用手铲将苗四周铲开，然后从侧下方将苗掘出，保持完整的土球，勿令其破碎。有时为保持水分的平衡，在苗起出后，可摘除一部分叶片以减少蒸腾。但摘除叶片不宜过多，后期影响正常光合作用	要求：1. 土壤湿润时起苗； 2. 无论裸根或带土球均需减少根系受损，随起随栽； 3. 花卉苗木应选择健壮、无病虫害植株； 4. 尽量缩短运输途程，并需做好降温保湿，必要时摘除部分叶片以减少蒸腾
定植花卉	1. 定植前准备工作，如水、工具、人工、定植穴等； 2. 定植时间，无风的阴天或者清晨和傍晚进行，避免中午阳光暴晒，随定植随浇水。 3. 定植严格按照工程图纸要求进行； 4. 花苗栽植根据花苗种类、特性栽植深度适宜； 5. 运抵现场后的花卉12 h内不能栽植完成的须临时假植，采用遮阳、喷水养护等措施	要求：严格按照图纸要求定植。提前做好前期准备工作
栽植后管理	1. 栽植后及时做好防晒、防风、阴雨天做好排水防涝等措施； 2. 根据花卉移栽成活情况，及时进行补种、整形修剪、水肥管理等常规养护管理	要求：1. 提高移栽成活率； 2. 根据工程图纸要求，做好花卉体量控制、造形修剪、花期调控等工作

【业务知识】

1. 细致的前期准备的工作

（1）前期准备包括图纸细致识别、沟通，现场水、电工作区域、苗木、运输车辆准备等，是整体工程顺利进展的重要保障。所有交涉资料均已有书面协议或说明，以免后期出现不必要的麻烦。

（2）施工现场工作区域以及用水、用电事宜，前期必须协调到位。运输车辆最好选择厢式货车运输，减少苗木在运输过程中的水分流失，从而影响后期成活率及成本。

2. 施工企业施工成本收入（表 3-18）

（1）施工人员基本费用：包括生活费、交通费和通信费，工人所需费用。

（2）现场工作协调费：给予现场协调甲方和监理方发生的费用。

（3）企业管理费用：包括企业人员工资、奖金、业务费、培训费等。各企业差异较大。

（4）现场工具用具费：包括铁锹、施工机械费、肥料、生根粉、支柱费、水费等。

表 3-18 施工企业成本收入

施工企业成本收入（元）	标准
成本（元）	
1. 施工人员费用	施工员 200 元/天，工人 100 元/天
2. 现场工作协调费	200 元/天
3. 水费	20 元/天
4. 机械费	300 元/天
利润（元）	元

【业务经验】

1. 有效延长花坛花期的途径

（1）一、二年生花卉利用不同播种期延迟花期。

（2）加强水肥以及日常管理。

（3）在养护管理中仔细观察，及时更换。

2. 花境、花坛中如何控制体量

（1）选择合适的品种。

（2）使用生物调节剂，如 B9。

（3）在养护中合理进行水肥管理。

（4）适当进行修剪。

【案例分析】

××景观带花卉种植施工方案

花卉为园林绿化、美化和香化的重要材料。尤其草本花卉，花色艳丽，装饰效果强，美化速度快，不仅可以创造优美的工作、休息的环境，还使人们在生活之中、劳动之余得以欣赏自然，有助于消除疲劳、增进身心健康，达到为人们生活和生产服务的目的。现以某市区景观带花卉种植为基础，讲解花卉种植过程及要点。

1. 施工流程

前期准备工作→种植区域土地平整清理→定点放线→材料运输→现场施工→清理现场→竣工验收。

2. 施工现场准备

包括临时办公用房，车辆停放区。依据现场调查情况，根据各节点给水和电的接口，接设临时供水管路和临时用电设备材料，构配件的现场存储、堆放。花卉材料依据施工位置，堆放在指定堆料区域。不得在施工界限或围挡外堆放材料，堆放位置与施工边界保持适当距离。

种植区域土地平整清理　在原机械平整场地的基础上，在花卉栽植区域进一步用机械粗平，整地应先翻起土壤、细碎土块，清除石块、瓦片、残根、断茎及杂草等所有垃圾。基本粗平后，撒施充分腐熟的有机肥不少于5 kg/m^2，然后用旋耕机深翻30 cm以上。整地在设计许可的范围内提高排水坡度以利于排水防涝。

3. 定点放线

用经纬仪、标杆、测绳、钢尺等仪器工具，参照已施工完毕的园路、广场等设施位置，一般使用网格法，按设计图纸要求测放出花卉栽植轮廓线。

4. 花卉材料运输

放线后可进行起苗，同时组织好人工，检查水电等工作准备，对于带土球移栽的灌木类应提前挖好定植穴。

起苗：保持土壤湿润，尽量减少根系损伤，起苗后不得置于暴晒和强风中。

体量大的植株适当去除叶片，减少蒸腾。

运输：运输过程中注意降温、增加湿度，选择健壮无病虫害的植株。

施工现场暂存：花卉材料运达现场要求分类存放整齐，根据施工要求分块存放，暂存的苗木及时遮盖防晒，12 h内不能栽植的苗木必须进行假植、保湿。

5. 栽植

栽植时间　尽量选择无风的阴天进行，或者清晨和傍晚进行，避免中午阳光暴晒，并且在移植时应边栽植边喷水，以保持湿润，防止萎蔫。

栽植要求严格根据施工图纸要求进行。栽植时应先按设计密度要求计算出株距（如16株/m^2 一般情况下株距为25 cm），然后按株距要求栽植出轮廓线，然后再由外向内依株行距逐行栽植。裸根栽植时应将根系舒展于穴中，勿使蜷曲，然后覆土。为了使根系与土壤密切接触，必须妥为镇压。

花卉栽植深度应与原苗圃栽植深度相平或略浅，尤其是在回填土地段，以防止因栽植过深而造成根系积水，影响长势甚至死亡。

栽植完毕后，以细喷壶充分灌水。第1次充分灌水后，在新根未生出前，亦不可灌水过多，否则根部易腐烂。小苗组织柔弱，根系较小而地上部分蒸腾量大，移植后数日应遮住强烈日光，以利于恢复生长。

6. 栽植后的养护管理以及现场清理

定植后多观察，及时撤离遮阳网，浇水、排水，浇灌用水以清水为佳，多观察墒情，及时修枝、摘心、去蕾，促进营养生长。及时清除现场杂物。

7. 竣工验收

【工作任务实施记录与评价】

1. 制定花卉种植施工工作计划

<table>
<tr><td>师傅指导记录</td><td>施工工作计划质量评价</td><td>评价成绩</td></tr>
<tr><td rowspan="2"></td><td rowspan="2"></td><td></td></tr>
<tr><td>年　月　日</td></tr>
</table>

2. 劳动力、用具等使用记录

<table>
<tr><td>日期</td><td>劳动力用量</td><td>施工机械</td><td>遮盖防护资料</td><td>其他材料</td></tr>
<tr><td></td><td></td><td></td><td></td><td></td></tr>
<tr><td></td><td></td><td></td><td></td><td></td></tr>
<tr><td rowspan="2">检查质量评价</td><td colspan="3" rowspan="2"></td><td>评价成绩</td></tr>
<tr><td>时间</td></tr>
</table>

3. 学徒关键职业能力及职业品质、工匠精神评价

项目	A	B	C	D
工作态度				
吃苦耐劳				
团队协作				
诚实守信				
精益求精				
沟通交流				
学习钻研				
认真负责				

4. 学徒的考核

项目	85 分以上	70～85 分	60～70 分	不合格	权重
工作态度和考勤					50%
花卉移栽的成活率					10%
施工日志完成情况					5%
施工现场的清理					5%
施工工具的爱护与清点					5%
与其他施工员及现场工人等的交流与合作					5%
与监理方和甲方的交流					5%
学徒手册					10%
施工材料节约，施工成本					5%
总体评价					

任务 6　种植施工养护管理

【专业知识准备】

第一节　土壤管理

一、土壤酸碱度的调节

自然界的各种土壤，有酸性、中性和碱性之分，这是土壤的基本化学性质之一。

土壤的酸碱性是气候、植被及母质等条件共同影响的结果，其中气候起着近乎决定性的作用。

一般露地花卉可用硫黄粉或硫酸亚铁使土壤变酸，用量：硫黄粉 50 g/m^2 或硫酸亚铁 150 g/m^2。硫黄粉作用慢，安全无副作用。北方城镇栽植喜酸花卉的规模一般不大，除酸化土壤外，对小型的花池、花坛亦可采用酸性的泥炭土、松针土及南方酸性山泥等配制培养基，效果往往更令人满意。

除了石膏外，还可均匀施用其他酸性的化学物质。如磷石膏、亚硫酸钙、硫酸亚铁、硫黄粉及酸性工业废料等，都能降低碱性。

适宜用量可通过测定土壤中碱性物质（如碳酸钠、碳酸氢钠及代换性 Na^+）的含量而计算得出或田间试验得出，亦可参照前人经验。如在重、中、轻度盐碱土上，施用硫酸亚铁的参考用量分别为 1 kg/m^3、0.5 kg/m^3 和 0.25 kg/m^3。另外，风化煤含有相当多的腐殖酸，可以改良土壤结构，降低碱害，特别是酸性的风化煤，对碱化土壤的改良很有成效。在碱性土壤上注意施用酸性或生理酸性肥料以控制碱害。

二、土壤通气状况的改良

城镇公共绿地、庭院绿地的树下土壤和行道树下的土壤，经常因不透气的铺装、踏实、覆土过厚等原因造成通气不良，树势衰退。这在我国乃至世界各大中城镇都是比较突出的问题，其合理解决对城镇绿化及古树名木的保护都具有重要意义。

在国外，还有的埋土过深的树木安装地下通气管道系统。整个管道系统可设置 3% 左右坡度，最低处为出水口。该通气管道系统一定要与城镇排水系统相连接，避免雨季树木根区积水。在地势较高处或天气干旱时，上述通气管道系统也可临时用作灌水通道（排水出口应事先关闭）；如果需要，还可以用作地下施肥（液肥）通道（图 3-25）。

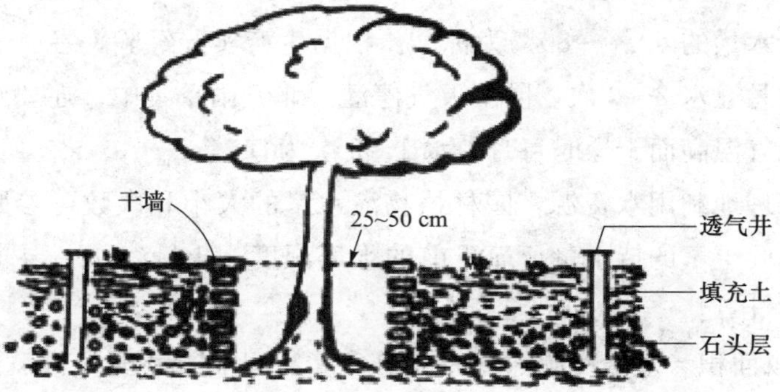

图 3-25　埋土过深的一般改良技术

三、换土

当地块的绿化价值很高，而现有的土质又太差时，以致改良困难或工期不能等待，则可以通过全面或局部换土的办法解决土壤问题。全面换土往往投入过高，而经济承受力也是考虑的重要因素之一。

四、盐碱绿地改良措施

1. 刮除盐霜，平整土地，合理深翻，及时中耕。
2. 地面覆盖。
3. 适时巧灌。
4. 深沟浅盖，深坑浅埋。
5. 增施有机肥。
6. 生物措施。
7. 化学改碱。

第二节 水分管理

正确全面地认识园林绿地植物的需水特性，是制定园林绿地科学的水分养护管理方案，合理安排灌排工作，适时满足园林植物对水分的需求，确保园林植物健康生长发育，充分有效地利用水资源的重要依据。

一、灌水量与次数量

灌水量多少，受多方面因素的影响。如不同园林植物种、品种、砧木及不同立地条件（特别是土壤的保水性），不同气候条件，不同植株大小，不同种植年限，不同生长状况，植物生长所处的时期等，都与灌水量有关。有灌溉条件时，应灌饱灌足，切忌表土打湿而底土仍然干燥。一般乔木灌水量应令其渗透到 80～100 cm 深处，花灌木灌水渗透深度 50～70 cm，地被与草坪灌水渗透深度 20～40 cm。适宜的灌水量一般以达到土壤最大持水量的 60%～80%为标准。根据生产实践经验，春、夏季是植物生长旺盛期，一般每月灌水 2～3 次，阴雨天气停灌。北方雨季集中，还要注意排水。秋季减少灌水量，如气温高而干燥时每月灌水 1～2 次为宜。

为更科学合理地利用水资源，园林植物灌水量的大小和次数可参照果园灌水方法进行，即根据不同土壤的持水量，灌溉前的土壤湿度、土壤容重、要求土壤浸湿的深度，按下列公式计算：

灌水量＝灌溉面积×土壤浸湿深度×土壤容重×（田间持水量－灌溉前土壤湿度）

二、灌水方式

灌水方式正确与否，不但关系到灌水效果的好坏，而且还会影响到土壤的结构。正确的灌水方式，要有利于水分在土壤中均匀分布，充分发挥水效，节约用水量，降低灌水成本，减少土壤冲刷，保持土壤的良好结构。随着科学技术的发展，灌水方法也在不断改进，正朝着机械化方向发展。灌水效率和效果均大幅度提高。根据供水方式的不同可分为以下三种：人工浇灌、机械喷灌和移动式喷灌。

第三节 营养管理

营养是园林植物生长的物质基础，园林植物营养的养护管理是通过合理施肥来改善与调节园林植物营养状况的经营活动，也是一重要技术手段。施肥的首要目的是直接增加土壤养分供应，以满足园林绿地、园林植物在生长、开花、结实期间对营养的不断需求。其次，从长远观点看，施用有机肥料还能改善土壤理化性质，协调水、养、气、热状况，增强生物活性。有利于园林植物根系生长；最后，综合提高土壤的基础肥力水平。

城镇绿地的大多数花卉和很多草坪植物，皆属喜肥种类，合理施肥是促进其开花和改善生长状况的必要手段；尤其是草坪，常因剪草和体育活动等而处于周期性的恢复阶段，合理施肥就更加必要了。常见植物缺素检索见表3-19。

表3-19 植物常见的缺素症状检索表

病症	缺乏元素
A. 老叶病症	
B. 病症常遍布整株，基部叶片干焦和死亡	
C. 植株浅绿，基部叶片黄色，干燥时呈褐色，茎短而细	氮
C. 植株深绿，常呈红或紫色，基部叶片黄色，干燥时暗绿，茎短而细	磷
B. 病症常限于局部，基部叶片不干焦但杂色或缺绿，叶缘杯状卷起或卷皱	
C. 叶杂色或缺绿，有时呈红色，有坏死斑点，茎细	镁
C. 叶杂色或缺绿，在叶脉间或叶尖和叶缘衔坏死斑点，小茎细	钾
C. 坏死斑点大而普遍出现于叶脉间，最后出现于叶脉，叶厚，茎短	
A. 嫩叶病症	
B. 顶芽死亡，嫩叶变形和坏死	
C. 嫩叶初呈钩状，后从叶尖和叶缘向内死亡	钙
C. 嫩叶基部浅绿，从叶基起枯死，叶捻曲	硼
B. 顶芽仍活似缺绿或萎蔫，无坏死斑点	
C. 嫩叶萎蔫，无失绿，茎尖弱	铜
C. 嫩叶不萎蔫，无失绿	
D. 坏死斑点小，叶脉仍绿	锰
D. 无坏死斑点	
E. 叶脉仍绿	铁
E. 叶脉失绿	硫

一、施肥方式

根据施肥部位的不同，园林植物施肥有土壤施肥和根外施肥两种方式。

根据肥料的性质、施用时期，园林绿地的土壤施肥有三种类型：即基肥、追肥和种肥。基肥施用时期要早，追肥要巧，种肥供给树木要恰到好处，保障幼苗初期生长发育对养分的需要。

二、施肥方法

土壤施肥方法

土壤施肥就是将肥料直接施入土壤中，通过园林植物根系进行吸收的施肥。它是园林植物主要的施肥方法。

土壤施肥必须根据根系分布特点，将肥料施在吸收根集中分布区附近，才能被根系吸收利用，充分发挥肥效，并引导根系向外扩展。正常情况下，园林植物的多数根集中分布在地下 50～60 cm 深范围内，根系的水平分布范围，多数与冠幅大小相一致，有时由于干旱，侧根系分布范围大大超过冠幅，故施肥时可在冠幅外围于地面的水平投影处附近挖掘施肥沟或施肥坑施肥即可。

此外，由于许多园林树木常常经过造型修剪，树冠冠幅大大缩小，这就给确定施肥范围带来困难。专家建议在经过造型修剪树木离地面 30 cm 高处的树干直径值扩大 10～12 倍，以此数据为半径，以树干为圆心，在地面作出的圆周边即为吸收根的分布区，也就是施肥范围。

第四节　有害生物管理

结合养护管理措施，创造有利于植物正常生长和天敌繁殖，而不利于有害生物成灾的环境条件，控制有害生物的生长。

一、科学合理配置植物，大量种植乡土树种

由乡土植物形成的植物、动物和微生物群落结构，生物间形成了完善的相生相克机制，病虫害不易泛滥成灾。适地适树的园林植物对环境适应性强，抗旱、寒、热、污染、耐粗放管理、易成活、抗自然灾害力强的特点出发，因此，植物配置时要以乡土树种为基调，形成本地特色、个性和风格。

避免植物间的化感抑制作用，消除植物相生相克。如丁香、薄荷、刺槐等植物分泌的芳香物质，影响相邻植物的生长；核桃、石榴、云杉能影响和毒害周围很多植物。核桃的叶和根均能释放、分泌出水溶性的葡萄糖、胡桃醌，被雨水淋溶到地上，经土壤微生物作用，在土中水解氧化后产生毒性很大的胡桃醌，造成周围树下其他草本植物受害。

利用植物化感促进作用，发展相生技术。来自荷兰的报道说，由于土壤中线虫严重危害导致月季生长不良，荷兰一家植保公司并没有使用化学药剂做土壤处理，而是把金盏菊种在月季中间。金盏菊的根部可分泌出一种能杀死土壤中线虫的分泌物，对比试验结果差异非常显著。月季与金盏菊共生生长旺盛，而不种金盏菊的月季花坛里，月季却呈现病态而且枯萎了，因此现在许多地方都用金盏菊来消灭线虫。此外，侧柏、银杏、苦楝、枫杨、臭椿、柳树、桃树的叶片提取物具有杀菌杀虫作用。

避免混栽病虫转主寄主植物，如油松等二针松不能和芍药、赤芍等毛茛科芍药属，玄参科、马鞭草科、龙胆科、凤仙花科、萝摩科、爵床科、旱金莲科多种植物混栽，否则会诱发二针松疱锈病；落叶松不能和杨树混栽，否则诱发青杨叶锈病。

避免混栽有共同虫害的植物：杨、苹果栽植区不要种桑、构、栎和小叶朴。因为害毛白杨的桑天牛成虫只有食桑、构、栎、小叶朴等叶后才能产卵，而取食毛白杨、苹果枝叶是不产卵的。云杉和冷杉种在一起会诱发冷杉球蚜的大发生。

二、加强养护管理，控制有害生物

清洁园林绿地，及时收集绿地中的病虫害残体，如落叶、草坪枯草层加以处理（烧毁）。生长季节通过及时剪除病虫枝叶，减轻病虫为害。

合理修剪：修剪整枝不仅可以增强树势，使花叶并茂，还可以除去病虫枝叶，枯死树枝，减少病虫为害。如天牛、木蠹蛾、透翅蛾等。对于介壳虫、粉虱等刺吸性害虫，则通过修剪整枝达到通风透光目的，从而抑制此类害虫。秋冬季节结合季节修剪，剪去病虫枝叶，减少来年病虫害的初侵染源。

肥水管理：及时供水，保证正常生长。施有机肥要充分腐熟，彻底杀死病源及害虫。施无机肥应适量增施磷、钾肥，提高抗病性。灌水量、时间、方式都会影响病害发生。喷灌会增加叶病的发生。最好采用沟灌、滴灌。时间以上午为好，以便及时降低叶表面湿度，提高植物抗病力。

秋耕深翻，及时清除枯枝落叶，刮除枝干粗翘皮，消灭部分越冬害虫，如网蝽、叶螨、木虱及多种鳞翅目虫。

冬季树干涂白，不仅可防日灼，消灭部分越冬虫态，而且阻止来年天牛成虫产卵。

总之，园林绿地有害生物的防治管理是一个复杂的系统工程，不仅要着眼于眼前利益，更要从长远利益进行考虑和决策，树立整体观念，综合应用各种技术措施，实行有害生物的宏观可持续治理。

第五节　各类树木的整形修剪

一、花灌木（或小乔木）的修剪

必须充分了解并掌握各种花木的花芽分化规律，通过修剪，形成尽可能多的花芽，同时掌握修剪不同花木的合理时间，做到心中有数。

花木类花芽分化主要有两个不同类群，即晚熟性芽分化类群和早熟性芽分化类群。

二、行道树的修剪

行道树是指在道路两旁单株整齐列植的树木。以道路遮阳为主要功能，同时有卫生防护和美化街道等作用。它是城镇绿化的骨架，将各类分散绿地联系起来，构成美丽壮观的绿色整体；行道树还能反映城镇风格和地方特色，又关系到人们的身心健康，因而保证行道树的美观和健壮生长是城镇绿化的重要任务之一。新疆常见的行道树有大叶白蜡、新疆小叶白蜡、圆冠榆、垂枝榆、大叶榆、桑树、二球悬铃木、臭椿、合欢、栾树等。

行道树必须具有通直主干，其分枝点高至少在 2.8 m 以上，主干道 3～4 m 为好，公园内园路两侧或林荫路树木主干高以不影响游人的行走为原则，高 2 m 左右。行道树的主干和主枝应在苗圃中培养成形，见图 3-26。

图 3-26　行道树的修剪

总之，行道树通过修剪，应保持叶茂形美、遮阳面大，不影响人的行走和车辆行驶，不妨碍架空线的安全。

三、庭荫树的修剪

庭荫树应具有庞大的树冠、秀美的树形、挺拔的树干。这类树木修剪整形时，首要的是培养一段高矮适中，挺拔健壮的树干。干高无固定规定，主要应与周围的环境相适应，同时取决于树种的生态习性和生物学特性。定植后，应尽早将树干上 1～1.5 m 以下的枝条全部剪除，以后随着树木的长大，逐年疏除树冠下部的侧枝，保持树干下部的光洁。作为遮阳树，树干的高度相应要高些，为游人提供在树下自由活动的空间，一般在 1.8～2.0 m。但在山坡、草地或花坛中央的观赏树主干可矮些。

庭荫树的树冠应尽可能大些，以最大可能发挥其遮阳等防护作用，而且对一些树皮较薄的树种还有防止日灼伤害树干的作用。一般认为，以遮阳为主要目的的庭荫树树冠占树高的比例以 2/3 以上为佳，以不少于 1/2 为宜，如果树冠过小，则会影响树木的生长及健康状况。

四、绿篱的整形修剪及图案色带修剪

它是由萌芽力、成枝力强，耐修剪的树种密集带状栽植而成。起防范、美化和分隔的作用。适宜作绿篱的植物有很多，如白榆、紫叶矮樱、小叶丁香、女贞、大叶黄杨、侧柏、冬青、紫叶小檗等。常见形状有自然式和规则式两种。自然式不同于人工修剪整形任其自然生长而成，后者则是以人们的意愿和需要不断地修剪成各种规则的形状。组字、图案式绿篱，要求边缘棱角分明，界限清楚，篱带宽窄一致，每年修剪次数比一般镶边、防范的为多。枝条的替换更新应时间短，不能出现空秃，以保持文字和图案的清晰。

绿篱高度：高篱（1.2～1.6 m）、矮篱（控制在 0.5 m 以下）、中篱（0.5～1.2 m）和绿墙（高 1.6 m 以上），还有刺篱（小檗、黄刺玫等）、花篱（蔷薇等）。培养绿篱的主要手段是经常合理地修剪，修剪应根据不同树种的生长习性和实际需要区别对待。修剪后不露硬枝，新梢留放高度均匀，一般小叶类绿篱树种留放5～10 mm，大叶类绿篱树种新梢留放高度，一般不超过其叶的长度，见图 3-27。

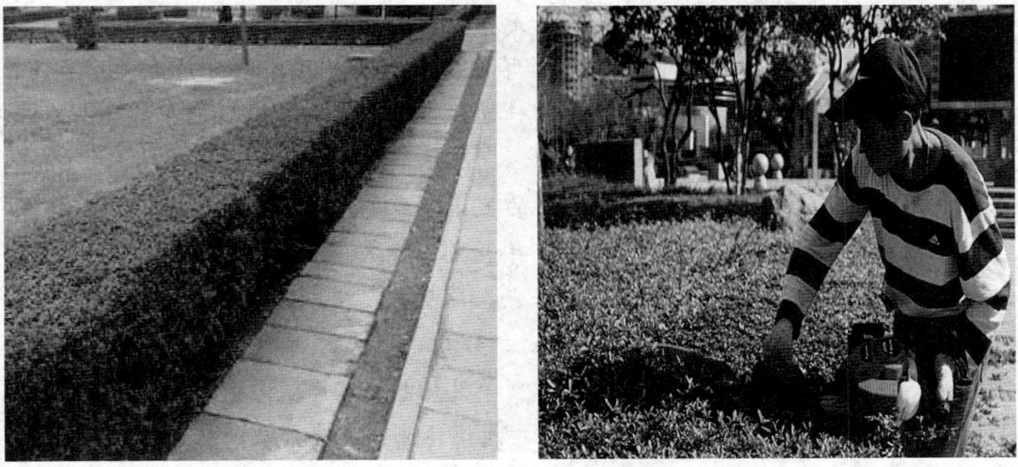

图 3-27　绿篱的修剪

【典型人物案例】

播绿人生不虚度

被誉为黄土高原上的“绿色明珠”的泾源县，曾荣获全国造林绿化百佳县，全国森林防火先进单位，全区林政资源管理先进单位等殊誉。这些成绩的取得与一位多年来默默奉献在林业战线的斗士分不开，他就是泾源县林业局局长吴正辉。

吴正辉，1978 年北京林业大学毕业后被组织分配到泾源县堡子山园艺场任技术员。1979 年到 2002 年期间先后任泾源县林业站站长、林业局副局长、局长，在 29 年林业生涯中，多次被单位评为先进工作者，多次受到县委、政府的嘉奖。1987 年，他撰写的《泾源县华北落叶松地埂造林初报》获得宁夏林学会优秀论文二等奖，1989 年被国家林业局评为林业社会工程项目研究一等奖，1997 年他被评为全县第一个林业高级工程师。2003 年他撰写的理论文章《绿色铺盖的热土》在固原日报刊登，《黄土高原上的绿色明珠更加璀灿夺目》在宁夏电视台经济频道播出。

1978 年，吴正辉作为泾源县首批为数不多的几名林业专业毕业的大学生之一，胸怀着在林果事业上干一番业绩的大志，走上了林业工作岗位。应当说，吴正辉是幸运的，在他走上工作岗位不久，党的十一届三中全会召开了，广大科技工作者迎来了科学的春天。随之而来的，家庭联产承包责任制后作为独立生产者的农民渴望科学技术的呼声越来越高。无论是在农民的家庭果园里，还是在造林的山岔河滩，吴正辉一次次地感到，自己所学的林业专业对现实的生产是那样有用，从农民的一声声询问声中，他感到了工作的价值，也更加坚定了他干好林业事业的坚定信念。

1979 年，刚在园艺场工作不到一年的吴正辉，因工作勤奋肯干，业务技术精，被县林业局任命为县林业站站长，这一年，吴正辉 24 岁，正是年轻气盛的年龄。他始终有一个信念，只要工作上勤奋一点，事业就会出成绩，所干的工作就会对人民有利。基于这样的认识，在后来的工作中，他始终保持着三点勤奋。一是“嘴勤”。他认为基层林业工作并不是一项单纯的技术工作，期间还渗透着较强的群众性工作。要动员群众，宣传群众，才能使林业技术为群众所接受。尤其在 20 世纪“以粮为纲”的年代，要想把林业技术传播到千家万户，何其艰难。在他任林业站站长期间，曾走遍了全县 114 个行政村。要使林业技术被群众所接受，就得有不怕磨破嘴皮子，不怕踏破脚底子的劲头。如向各级领导报送文字材料，通过各种途径讲林业技术，做绿化宣传等。他苦口婆心地宣传，增强了全民绿化意识，普及了林业技术知识。二是“手勤”，即身体力行动手干。在每年春秋两季造林过程中，为了使整地造林达到技术标准，合乎规范要求，他一边奔波往来于各造林点向群众讲解技术要领，一边拿起工具给群众整出样板坑，栽上一片样板树。“喊破嗓子，不如做出样子”，吴正辉既是这样想的，更是这样做的。在看到一些群众栽树时敷衍了事，糟蹋树苗时，他虽痛在心里，却从不指责谩骂，而是从群众手中接过工具，替他干一阵，在他以身代教的影响下，群众理解了他的苦心，植树质量大大提高。在一些群众植树聚集场合，他还总是不失时机地向大伙宣传，“宁可少栽一棵树，也要保证所栽每棵树的质量，确保栽一棵活一棵”。三是“腿勤”。在担任林业站站长的12年间，他跑遍了全县8个乡镇，翻越了数百座山头，深入林区“解剖麻雀”，调查林情，对比研究、选择、引种适生树种，写了大量有价值有分量的调查报告。如在沙塘林场主持科技育苗栽植示范基地时，编写了《河北杨河水浸泡扦插育苗试验技术总结》被固原林学会评为优秀学术论文一等奖。

多年的林业工作经历，造就了吴正辉干事认真，直来直去的性格。也养成了他对绿色的无限痴迷。由于工作上孜孜以求，对泾源林业建设的突出贡献，1991年他被组织提拔任命为林业局副局长。对一般人来说，可能高兴得晚上都睡不着觉。而吴正辉没有，他认为，职位就是责任，职位越高，责任也就越大，党和人民寄于你的希望更大。因此，政治待遇的提高并没有使吴正辉骄傲自满，裹足不前，相反，他变得更忙了。在此期间，他分管全县的造林绿化工作。他从没有因自己是领导而整日坐在办公室发号施令，而是和其他干部职工一道翻山越岭搞调查、做规划、讲技术。在以他为杰出代表的全体营林者的共同努力下，泾源县利用10年时间先后推广引进华北落叶松荒山造林10万亩，目前已郁闭成林4.7万亩；地埂造林7 000亩；推广仁用杏造林面积3 000亩，推广新疆薄皮核桃造林4 000亩，累计完成造林面积26万亩，已成椽材800余万株，创造直接经济效益1.2亿元。这其中不知包含着吴正辉多少心血和汗水。

面对这无限的绿色财富，他经常说，在我们这一代一定要把这些林子看好，这里的每一棵树，每一片绿，都有区、市、县领导的关心和支持，都凝结着全县广大干部职工的心血和汗水。为此，他带领局一班人，经常深入林区、护林点，与林区群众、护林员促膝谈心，交流经验，在汇总各方面意见的基础上，他提出要提升林木的管护质量，首先要大力宣传，做到护林防火家喻户晓、人人皆知，其次要抓好护林点建设，提高护林员的工资，使他们能扑下心，扎下根，一心一意护林。为此，他多方奔走，争取自治区林业局的支持，将全县21万亩荒山造林纳入天然林保护工程，落实了13万元的管护经费和9.3万元的国营林场职工养老保险金。把那些在护林岗位干了几十年的老护林员换下来，聘任65名年富力强，有责任心的护林员，召开了护林员工作会议，给每个人都划定了管护范围、面积，签订了管护合同。把原来每月50元的护林员工资，提高到每人月均200元（最低150元，最高360元），给14个护林点安装了价值8.4万元的太阳能发电机和风力发电机，那漆黑的大山深处首次通了电，配备了桌椅，拉了碳，改善了护林点条件。从此，护林人员都能吃住在护林点上，24小时值班巡山，昔日林中白天牛、羊的身影没有了，晚上也听不见偷树人砍树的斧声。全县护林工作上了一个新的台阶。

一份耕耘一份收获。2002年，吴正辉迎来了事业上的又一个春天。这一年，他被推上了林业局“一把手”的位子。这一年，也是泾源县通过两年试点全面实施退耕还林草工程的第一年。泾源林业迎来了百年来的颠峰时期，每年的生产任务都超过过去五年任务的总和，面对艰巨的任务，对他这个新上任的“一把手”而言，压力可想而知。但吴正辉没有退缩，而是迎难而上，废寝忘食地投入工作。2003年，自治区林业局下达泾源县退耕还林草任务5.9万亩，县委、县政府为了加快全县退耕还林草工程建设步伐，在年初与林业局签定目标管理责任书时把任务上调到8万亩，同时下达绿色通道建设任务42 km。为了圆满完成上级下达的任务，作为林业部门的“一把手”，吴正辉既当领导，组织指导全县造林工作，同时又是技术骨干，从工程方案的制定、规划设计、整地栽植到检查验收，每一个工作环节他都扑在最前面，而且一工作起来就忘了疲劳，忘了家，这一年，他几乎没有休息过一个周末。他的妻子和他年龄差不多，都是奔50岁的人了，多年来一直身患静脉血栓，由于工作忙，吴正辉从没带她好好看过一次病。这年春季造林季节，妻子的病情加重，双腿肿得下不了地，但为了工作，吴正辉没有向组织反映过一次困难，没有请过一天假，看着忍受病痛折磨的妻子实在扛不过去，他就利用一个下午把妻子送到医院住下，请一个亲戚帮忙照看，他又匆匆忙忙返回到单位，一头扎进工作中。后来据他妻子讲，在她住院的两个月时间里，丈夫只到医院去过三次，而且都是下午。一次是送她住院，一次是医疗费用完了来送钱，一次是接她出院。每当谈及此事，妻子都流下了无奈的泪水。吴正辉说，付出总有回报，肯耕耘才会有收获。2003年，泾源县完成退耕还林草10.6万亩，占自治区下达任务的179.7%，占县委、县政府下达任务的124.8%。完成绿色通道建设42千米，并在全市6县（区）同项工作检查验收评比中获二等奖，综合目标考核位居全县第一，受到县委、县政府的表彰奖励。

"年年如一日，没有休息日"，对待工作，他始终全身心地投入，以他的敬业精神和务实的工作作风鼓舞和影响着周围的人，2005年，他没有休息过节假日，争项目、跑资金、下基层、搞调研，浑身充满了激情，充满了干劲。在他的带领下，全县完成工程造林19万亩，完成香水街、泾河路、北环路绿化86.1亩，县城南、北山绿化1 526亩，东山坡流域地埂造林2 500亩，全县林业工作又上了一个新的台阶。

经过多年努力，泾源县森林覆盖率由1999年的15.4%提高到20.2%，比全区平均覆盖率高出9.6个百分点。林业工作多次受到区、市组织的充分肯定和有关领导的高度评价。面对这些荣誉，吴正辉十分平静，他又在规划着泾源林业大发展的新蓝图。

典型人物事迹感想：
典型人物工匠精神总结凝练：

任务6.1 园林绿地的养护管理年历

【任务目标与质量要求】

根据公司的施工组织设计和现场施工情况，大量查阅资料，在企业师傅指导下能够制定自己所在工地的园林植物绿地养护方案，并能分析用工情况，进行成本分析。

【学习产出目标】

1. 熟知本地常见的园林树木的生态特性，制定提高移栽成活率的方法。
2. 制订用工计划。
3. 熟悉劳动定额。
4. 制定养护方案。

【工作程序与方法要求】

程序	内容	要求
制定养护方案、生产计划	根据园林绿地现场及施工情况，制定绿地养护方案，确定工作内容、所需劳动力、养护机械、用具、材料等以及需要达到的质量要求	要求：清晰养护任务，明确工作措施、人员配置、成本费用、管理考核指标
落实方案	公司统一管理，企业师傅指导，工程部负责实施，全员参与。 (1)协调施工方和建设方的关系。 (2)根据需要进行灌水、修剪、施肥、病虫害防治。 (3)按照施工方案和养护进度完成施工任务，发现死树及时清理并补植	要求：严格按照养护方案进行养护，节约人、财、物，降低养护成本
查漏补缺	施工队伍发现养护漏洞，及时制定补救措施，提高养护成活率，完成养护任务	要求：提高养护质量是关键
总结养护经验	养护完成后，根据养护中的实际问题撰写总结，总结经验，吸取教训，为下一次的养护提供基础	要求：认真细致，实事求是，以提高养护经验为目的

【业务知识】

施工企业园林绿地养护成本收入（表 3-20）

表 3-20　施工企业成本收入

施工企业成本收入（元）	标准
成本（元）	
1. 施工人员费用	施工员 150 元/天，工人 80 元/天
2. 现场工作协调费	50 元/天
3. 水费	10 元/天
5. 其他材料费	30 元/株
利润（元）	3～8 元/m^2

（1）施工人员基本费用：包括生活费、交通费和通信费，工人所需费用。

（2）现场工作协调费：给予现场协调甲方和监理方发生的费用。

（3）企业管理费用：包括企业人员工资、奖金、业务费、培训费等。各企业差异较大。

（4）现场工具用具费：包括铁锹、施工养护机械费、肥料、生根粉、支柱费、水费等。

【业务经验】

园林绿地养护年历

以北方地区为例，一年中养护管理工作可分为5个阶段。

1. 冬季阶段

12月至次年1～3月，大地封冻，园林植物休眠。

（1）进行冬季修剪。各种树木除常绿树和一些不宜冬剪的树木，应在休眠期做一次整形修剪。将枯枝、病虫枝、伤残枝进行修除，对易枯梢的树木暂不修剪，推迟到萌芽前进行。

（2）检查防寒设施的完好程度，发现破损立即进行修补。

（3）防治病虫害：烧毁处理。

（4）利用冬闲积造有机肥。

（5）下雪后及时堆雪于树根处，对次年树木生长大有好处，但千万不可堆放施过盐的雪。及时清除针叶树上的积雪。

（6）巡查维护。加强树木的看管保护，以减少人为的破坏，做好防火工作。

（7）检修园林机械。应把一年内园林植物养护管理工作中所需用的各种机械、车辆、工具等检修、保养完备，以便来年使用。

（8）进行来年春季城镇绿地建设的准备工作。

2. 春季阶段

3～5月大地回春，各种园林植物陆续萌芽展叶，开始生长或开花。

（1）春灌。因北方春季干旱多风沙，蒸发量大，为防止春旱，在土壤解冻后及时给园林绿地灌水，补充土壤水分，缓和春旱，满足园林植物生长的需要，此次灌水称为返青水。

（2）施肥。凡有条件的公园，应于冬春两季土壤封冻前或解冻后陆续给园林植物施有机肥料，以改善土壤的营养条件，保证园林植物生长的需要。

（3）修剪。在冬剪的基础上进行复剪，并适时抹芽、除蘖。

（4）拆除防寒物。根据园林植物耐寒能力，分批拆除防寒物，扒开埋土等。

（5）病虫害防治。在树木萌芽前，提早进行预防喷药，主要是石硫合剂，当病虫害发生初期应及时采取对策措施。

(6) 补植缺株和维护巡查及做好防火工作。

(7) 注意对大型绿地内杂草及攀缘植物的挑除，对草坪也要进行挑杂草及切边工作。

3. 初夏阶段

5～6 月气温迅速上升，各类园林植物大量生长，需水耗肥量大。

(1) 适时合理灌水。必须根据园林植物生长的需要，因地、因时合理灌水，要按照适量、少灌、勤灌、漫灌的原则，保证园林植物随时都有足够的水分供应。

(2) 施肥。此阶段园林植物生长量大，因而耗肥量大，适时补充无机肥如追施速效氮肥或混合复合肥，以少施、勤施为宜，每次施肥后应及时灌水，为了利于肥效发挥，也可叶面喷肥（浓度控制在 0.5%以内），在下午 4 时以后喷叶。

(3) 修剪。以除蘖剥芽为主，春季开花树木在花后修剪残花，对新植树木抹芽、除蘖。

(4) 病虫害防治。对第一代孵化幼虫，根据养护区内实际情况做出相应对策措施进行防治。

(5) 中耕除草。通过中耕除草，增加土壤的通透性和保墒能力，减轻杂草对土壤水肥的争夺。

(6) 注意排水。如遇突降暴雨时注意排水。避免对园林植物的长势和生存造成不应有的损失。

4. 盛夏阶段

7～9 月高温多雨。正是各种园林植物生长旺盛期，后期气温渐降，生长速度减缓，果实和种子成熟在即，景观效果甚佳。

(1) 继续保证水肥供应，除氮肥外，追施磷、钾肥，以保证园林植物安全越夏和入秋后的生长需要，特别是生长较弱的植物更要注意施磷、钾肥以增强生长势。

(2) 结合松土除草进行追肥、灌水，以达到最好的促进生长的效果。

(3) 加强对园林花木的养护和修剪，对绿篱进行造形修剪；雨季前将过于高大的树冠适当稀疏、截短，可增强抗风能力。

(4) 病虫害防治。勤检查，早预防，发现病虫为害，及时采取应对措施，早防、早治。

(5) 做好雨季的排水、防涝工作，及时处理可能发生的紧急情况。

(6) 扶正。对雨季发生歪倒倾斜的园林植物应及时扶正，必要时应设支撑。

(7) 补植常绿树。可利用雨季补植在春季种植不易成活的缺株（如桧柏、针叶树等）。

(8) 维护巡查。

5. 秋季阶段

10～11 月气候转凉，气温较低，各种园林植物准备休眠越冬。

（1）集中枯枝、落叶、杂草制造有机肥。

（2）防寒。对不耐寒园林植物，冬季采取不同措施防寒，以保安全越冬。

（3）进行秋季种植，以耐寒乡土园林植物为主和补植缺株。

（4）病虫防治。主要是清除、消灭越冬虫卵和病原体。

（5）土壤封冻前完成冬灌，灌好、灌足冬水，保证园林植物安全越冬。

（6）维护巡查，做好防火和越冬前准备工作。

【工作任务实施记录与评价】

1. 制定园林绿地养护年历

师傅指导记录	施工工作计划质量评价	评价成绩
		年　月　日

2. 劳动力、用具等使用记录

日期	劳动力用量	养护材料	补植用量	其他材料
检查质量评价				评价成绩
				时间

3. 学徒关键职业能力及职业品质、工匠精神评价

项目	A	B	C	D
工作态度				
吃苦耐劳				
团队协作				
沟通交流				
学习钻研				
认真负责				
诚实守信				

4. 学徒的考核

项目	85 分以上	70～85 分	60～70 分	不合格	权重
工作态度和考勤					50%
制定养护管理年历、月历					10%
养护日志完成情况					5%
养护现场的清理					5%
养护工具的爱护与清点					5%
与其他施工员及现场工人等的交流与合作					5%
与甲方的交流					5%
学徒手册					10%
养护成本					5%
总体评价					

任务 6.2　园林花卉的养护管理

【任务目标与质量要求】

根据公司的施工组织设计和现场施工情况，大量查阅资料，在企业师傅指导下能够制定自己所在工地的园林花卉养护方案，并能分析用工情况，进行成本分析。

【学习产出目标】

1. 熟知本地常见的园林花卉的生态特性，制定提高移栽成活率的方法。
2. 制定用工计划。
3. 熟悉劳动定额。
4. 制定养护方案。

【工作程序与方法要求】

步骤	内容	要求
制定养护方案和生产计划	根据施工现场花卉种植情况，制定园林花卉养护方案，确定工作内容，根据劳动定额制定用工计划以及所需养护机械、用具、材料等以及需要达到的质量要求	要求：清晰养护任务，明确工作措施、人员配置、成本费用、管理考核指标

落实方案	公司统一管理，企业师傅指导，工程部负责实施，全员参与。 (1)协调施工方和建设方的关系。 (2)按照施工方案和养护进度完成施工任务，发现死树及时清理并补植。 (3)根据需要进行水肥管理，进行适当修剪，立支柱等	要求：严格按照养护方案进行养护，节约人、财、物，降低养护成本
查漏补缺	施工队伍发现养护漏洞，及时制定补救措施，提高养护成活率，完成养护任务	要求：提高养护质量是关键
总结养护经验	养护完成后，根据养护中的实际问题撰写总结，总结经验，吸取教训，为下一次的养护提供基础	要求：认真细致，实事求是，以提高养护经验为目的

【业务知识】

施工企业园林花卉养护成本收入（表 3-21）

表 3-21　施工企业成本收入

施工企业成本收入（元）	标准
成本（元）	
1. 施工人员费用	施工员 100 元/天，工人 80 元/天
2. 现场工作协调费	50 元/天
3. 水费	10 元/天
5. 其他材料费	0.4 元/株
利润（元）	0.1 元/株

（1）施工人员基本费用：包括生活费、交通费和通信费，工人所需费用。

（2）现场工作协调费：给予现场协调甲方和监理方发生的费用。

（3）企业管理费用：包括企业人员工资、奖金、业务费、培训费等。各企业差异较大。

（4）现场工具用具费：包括铁锹、施工养护机械费、肥料、补植费用、水费等。

【业务经验】

1. 提高园林花卉养护成活率。
2. 抗干旱差的小苗要有保水措施，如覆盖杂草。
3. 喜阴植物不要移栽阳坡，喜阳植物尽量多晒大阳。
4. 根据小苗特性，选择适合生存的环境移栽。
5. 球根类不耐寒花卉秋天及时挖出球根。
6. 根据需要及时分苗。

【案例分析】

花坛花卉养护方案

一、栽植前准备

花坛植物种类繁多，各有特性，因而繁殖方法也较多。一、二年生花卉多用种子繁殖，种子繁殖法的优点是繁殖量大，方法简便，根系完整，生长健壮，抗性较强。而宿根花卉、球根花卉、花灌木等多采用分生、扦插、压条等方法繁殖。由于花坛所用植物材料多为多年生花卉，相对一、二年生草花来说，这些多年生植物在种植床上的生长时间要长很多，所以花坛建立之初就要创造较好的土壤等种植条件。故第 1 年栽种时需整地深翻，细碎土块，清除石块、瓦片、残根断株及其他一切杂草（如土壤过于贫瘠或不良时则要换土），施入腐熟的有机肥，掺少量草炭土，然后耙平，并用呋喃丹或其他的杀虫剂、杀菌剂进行土壤处理。整地的深度依花坛花卉的种类和土壤情况而不同。宿根花卉根系强大，入土较深，应有 40～50 cm 的良好土层条件。栽种时，需先栽植株较大的花卉，再栽植株较小的；先栽宿根花卉，再栽一、二年生草花和球根花卉。栽后要防止花苗倒伏，及时进行扶正、补栽。

植株移栽前将苗床浇一次水，使土壤保持一定湿度，以防起苗时伤根。起苗时，要根据花坛设计要求的植株高低、花色品种进行掘取，然后放入筐内避免挤压，散坨。将花苗移到花坛时应立即栽种，切忌烈日暴晒。栽植时应按先中心后四周，或自后向前的顺序栽种。如用盆花，应连盆埋入土中，盆边不宜露出地面。不耐移植而用小盆的花卉品种，则应倒出后栽种。模纹花坛则应先栽模纹图案，然后栽底衬，全部栽完后，立即进行平剪，高矮要一致，株行距以植株大小或设计要求决定。中等类型花苗如石竹、金鱼草等，可按 15～20 cm；大苗类如一串红、金盏菊、万寿菊等，可按 30～40 cm，呈三角形种植。花坛所用花苗不宜过大，但必须很快形成花蕾，达到观花的目的。

二、合理灌溉

花苗栽好后，在生长过程中要不断浇水，以补充土中水分之不足。浇水的时间、次数、灌水量则应根据气候条件及季节的变化灵活掌握。如有条件还应喷水，特别是对模纹花坛、立体花坛，要经常进行叶面喷水。由于花苗一般都比较娇嫩，所以喷水时还要注意以下几方面的问题。

1. 每天浇水时间，一般应安排在上午 10 时前或下午 2—4 时以后。如果一天只浇一次，则应安排傍晚前后为宜；忌在中午，气温正高，阳光直射的时间浇水。因这时土壤温度高，一浇冷水，土温骤降，对花苗生长不利。

2. 每次浇水量要适度，既不能水过地皮湿，而底层仍然是干的，也不能水量过大。土壤经常过湿，会造成花根腐烂。

3. 水温要适宜。一般春、秋雨季水温不能低于10℃；夏季不能低于15℃。如果水温太低，则应事先晒水，待水温升高后再浇。

4. 浇水时应控制流量，不可太急，避免冲刷土壤。

三、施肥

初次栽植花坛花卉时，应深翻土壤，并施入大量有机肥料，为植物提供生长所需充足的养分和维持良好的土壤结构。为使花坛花卉生长茂盛，花大花多，最好在春季新芽抽出时追肥，花前和花后各追肥1次。秋季叶枯时，可在植株四周施以腐熟的厩肥或堆肥。一般幼苗生长期，枝叶发育期多施氮肥，以促进营养器官的发育，而在孕蕾期、开花期，则应多施磷肥，以促进开花结果，延长开花期。施肥前要先松土，以利于根系吸收。施肥后要及时浇透水。不要在中午前后或有风时施追肥，以免无机肥伤害花卉植株。施肥要依据植物品种进行，有些花卉在肥沃的立地条件下徒长引起倒伏，开花量少，影响其观赏价值，此类植物不必另外施肥。依靠自然降水往往不能完全满足露地种植的花坛植物的水分需求，在必要时需人工浇水。浇水时间的长短、浇水量与次数则依据季节与植物种类而定。刚种植的植物必须及时浇足水，移植后必须连续3次浇透水即栽植后第1次浇透，过5～6 d后进行第2次复透水，再过1天进行第3次浇透水。至植物恢复长势后再依据实际情况适当浇水。秋冬两季可少浇，春季植物生长季节应多浇，夏季多浇，雨水多时注意及时排水。在新疆地区，一般3月底或4月上旬或中旬要浇1次返青水，入夏遇旱时适时灌水，雨季要及时排涝，冬季上冻前浇足防冻水。其他浇水时间及次数视土壤墒情及植物生长情况而采取适当灌水措施。

四、中耕除草与修剪

适时中耕除草，及时修剪，可使植株生长健壮，花多且大而艳。一般每年5月份重剪1次，保留30～50 cm，以促进侧枝发芽，以后每个月根据花坛养护标准进行修剪造型，中间高、两边低，中间高度根据品种不同而异，一般50～80 cm，形成曲面并有较好的园林美化效果。

中耕可疏松土壤，有利于植株根系生长，中耕的深度依花卉根系的深浅和花卉的不同生育期而定。一般幼苗期应浅，近植株处应浅，株行间可适当加深，通常3～5 cm。以后随着花苗的生长而加深，又随着枝叶的生长而耕浅，直至停止中耕。中耕后的杂草及残花、败叶要及时清除掉。

除草可减少杂草和植株争夺养分水分，减少病虫害来源。除草应在杂草发生之初尽早进行，坚持除小、除了。对多年生杂草，要在杂草开花结实前将其连根除净。松土、除草要从4月开始，直到10月底多次进行。

为控制花苗的植株高度，促使茎部分蘖，保证花丛茂密、健壮以及保持花坛整洁、美观，随时清除残花、败叶，应经常修剪。修剪可以促进二次甚至多次开花，有效地保证植株的株形、株高，防止植物间相互侵扰，去除枯、病、残花枝叶，提高观赏效果。

一般草花花坛，在开花时期每周剪除残花2～3次。模纹花坛，更应经常修剪，保持图案明显、整齐。对花坛中的球根类花卉，开花过后应及时剪去花梗，以便消除枯枝残叶，并可促使子球发育良好。

修剪应与肥水等其他管理措施相配合，才能达到修剪的目的。如早小菊，定植后不久，植株达到一定高度（一般20～30 cm）时，就要修剪，以后随着花卉植株的生长，还要进行多次修剪。

五、补植

花坛内如果有缺苗现象，应及时补植，以保持花坛内的花苗完美无缺。补植花苗的品种、规格都应和花坛内的花苗一致。

六、立支柱

生长高大以及花朵较大的植株，为防止倒伏，折断，应设立支柱。将花茎轻轻绑在支柱上。支柱的材料可用细竹竿。除立支柱外，还应用铅丝编成花盘将花朵托住。支柱和花盘都不可影响花坛的观瞻，最好涂以绿色。

七、病虫害防治

病虫害的发生和蔓延，不仅影响花卉植株的正常生长发育，而且会使花卉干枯死亡。防止病虫害发生是花卉管理的重要任务。预防的主要措施有种植前进行土壤消毒，保持栽培地环境卫生，加强植物检疫及日常管理，给花卉创造一个水肥适当、空气流通、温湿度适宜、阳光充足的条件，使植株生长健壮，从而抑制病虫害的滋生和蔓延。主要病害有黑锈病，主要危及菊科花卉。防治方法是注意及时排水，加强通风透光，喷洒波尔多液。虫害主要有蚜虫、红蜘蛛和地蚕。防治方法除加强管理，促进植株生长和增强抵抗力外，可喷0.01%～0.07%的乐果防治蚜虫，喷洒三氯杀螨醇800倍液防治红蜘蛛，喷洒敌百虫防治地蚕。

八、花坛的更换

由于各种花卉都有一定的花期，要使花坛（特别是设置在重点园林绿化地区的花坛）一年四季有花，就必须根据季节和花期，经常进行更换。每次更换都要按照绿化施工养护中的要求进行。现将花坛更换的常用花卉介绍如下。

（1）春季花坛　以4～6月开花的一、二年生草花为主，再配合一些盆花。常用的种类有三色堇、金盏菊、雏菊、桂竹香、矮一串红、月季、瓜叶菊、旱金莲、大花天竺葵、天竺葵、茼蒿菊等。

（2）夏季花坛　以7～9月开花的春播草花为主，配以部分盆花。常用的有石竹、百日草、半支莲、一串红、矢车菊、美女樱、凤仙、大丽花、翠菊、万寿菊、高山积雪、地肤、鸡冠花、扶桑、五色梅、宿根福禄考等。夏季花坛根据需要可更换1～2次，也可随时调换花期过了的部分种类。

（3）秋季花坛　以9～10月开花的春季播种的草花为主并配以盆花。常用花卉有早菊、一串红、荷兰菊、滨菊、翠菊、日本小菊、大丽花及经短日照处理的菊花等。配置模纹花坛可用五色苋、半支莲、香雪球、彩叶草、石莲花等。

【工作任务实施记录与评价】

1. 制定园林花卉养护方案

师傅指导记录	施工工作计划质量评价	评价成绩
		年　月　日

2. 劳动力、用具等使用记录

日期	劳动力用量	养护材料	补植用量	其他材料
检查质量评价				评价成绩
				时间

3. 学徒关键职业能力及职业品质、工匠精神评价

项目	A	B	C	D
工作态度				
吃苦耐劳				
团队协作				
沟通交流				
学习钻研				

续表

项目	A	B	C	D
认真负责				
诚实守信				

4. 学徒的考核

项目	85分以上	70～85分	60～70分	不合格	权重
工作态度和考勤					50%
制定花卉养护管理实施方案					10%
养护日志完成情况					5%
养护现场的清理					5%
养护工具的爱护与清点					5%
与其他施工员及现场工人等的交流与合作					5%
与甲方的交流					5%
学徒手册					10%
养护成本					
总体评价					

任务6.3　地被植物养护管理

【任务目标与质量要求】

根据公司的施工组织设计和现场施工情况，大量查阅资料，在企业师傅指导下能够制定自己所在工地的园林地被植物养护方案，并能分析用工情况，进行成本分析。

【学习产出目标】

1. 熟知本地常见的地被植物的生态特性，制定提高移栽成活率的方法。
2. 制定用工计划。
3. 熟悉劳动定额。
4. 制定养护方案。

【工作程序与方法要求】

步骤	内容	要求
制定养护方案和生产计划	根据施工现场花卉种植情况,制定园林地被植物养护方案，确定工作内容，根据劳动定额制定用工计划以及所需养护机械、用具、材料等以及需要达到的质量要求	要求：清晰养护任务，明确工作措施、人员配置、成本费用分析、管理考核指标
落实方案	公司统一管理，企业师傅指导，工程部负责实施，全员参与。 (1)协调施工方和建设方的关系。 (2)按照施工方案和养护进度完成施工任务，发现死树及时清理并补植。 (3)根据需要进行水肥管理，进行适当修剪。草坪则需要打孔、修边等	要求：严格按照养护方案进行养护，节约人、财、物，降低养护成本
查漏补缺	施工队伍发现养护漏洞，及时制定补救措施，提高养护成活率，完成养护任务	要求：提高养护质量是关键
总结养护经验	养护完成后，根据养护中的实际问题撰写总结，总结经验，吸取教训，为下一次的养护提供基础	要求：认真细致，实事求是，以提高养护经验为目的

【业务知识】

施工企业园林绿地养护成本收入（表 3-22）

（1）施工人员基本费用：包括生活费、交通费和通信费，工人所需费用。

（2）现场工作协调费：给予现场协调甲方和监理方发生的费用。

（3）企业管理费用：包括企业人员工资、奖金、业务费、培训费等。各企业差异较大。

（4）现场工具用具费：包括铁锹、施工养护机械费、肥料、补植费用、水费等。

表 3-22　施工企业成本收入

施工企业成本收入（元）	标准
成本（元）	
1. 施工人员费用	施工员 100 元/天，工人 80 元/天
2. 现场工作协调费	10 元/天
3. 水费	3 元/天
4. 其他材料费	0.4 元/株
利润（元）	0.3 元/m^2

【业务经验】

提高园草坪养护成活率

草坪作为城市园林的底色，在城市绿化美化中发挥着越来越重要的作用，其应用范围已经扩大到园林景观、公园绿地、居住区、运动场、飞机场及江河堤坝、公路护坡等领域。但草坪易种难养，如果养护管理不当，草坪就会失去其观赏价值。因此，草坪建植之后的养护管理是非常重要的。现将北方草坪养护管理技术要点介绍如下。

一、灌水

由于北方地区干旱少雨，所以灌水对北方冷季型草坪来讲就显得尤为重要。水是草坪草重要组成成分，草坪草组织含水量达80%～90%。草坪草需水量大，如果水分含量下降就会引起草坪草萎蔫甚至死亡。灌水还能促进养分的分解，提高茎叶的韧度，从而提高草坪的耐践踏性，但水分过多又会引起草坪生长不良，高温下过度灌溉可诱发叶片感染各种疾病，并为杂草生长创造了有利条件。因此，合理地调节土壤水分是北方草坪管理中很重要的一个环节。

水分管理上首先要确定草坪是否需要灌水，这可以通过观察植株来确定。草坪缺水时，叶色由亮变暗，无光泽，草的颜色变成蓝绿色或灰绿色，当人走过或机器驶过时，草不再反弹起来。

一天中最佳灌水时间，从节约水源的角度考虑，夜间或清晨灌水，水分损失最少，但夜间灌水易导致病害的大量发生。所以，最理想的灌溉时间应该是早晨。

草坪每次灌水的总量取决于每两次灌水之间草坪的耗水量。一般在较干旱的生长季节，每周的灌溉量应为3～4 cm；在炎热而干旱的地区，每周的灌水量必须达到6 cm或更多。草坪灌水要一次灌足灌透，灌溉次数太多，会引起较大的病害和杂草问题。

叶面喷水是对草坪进行短时间的浇水。其目的是为了补充草坪草水分亏缺，降低植物组织温度和去除叶子表面的有害附着物。喷水的用水量很少，一般在中午草坪刚刚发生萎蔫时进行。通常，每天喷1次就足够了。但在极端条件下，如烈日炎炎的夏天中午，应增加喷水的次数。

二、施肥

施肥不仅能使草坪叶色浓绿，生长繁茂，还会增强草坪对病虫害及杂草的抵抗能力，提高草坪的耐践踏力。

确定草坪施肥量的大小要考虑以下几个因素：①草坪草本身的需肥特性。不同草种的需肥量不同。②草坪生长土壤的肥力状况。根据土壤的养分状况确定用肥的数量和比例。③养护管理水平。养护水平较低的草坪，供氮水平可低；而养护水平高的草坪，需较高的氮水平。

施肥次数在很大程度上取决于养护水平的高低。对于每年只施用一次肥料的低养护管理草坪，北方冷季型草坪于每年秋季施用；对于中等养护管理草坪，冷季型草坪于春季与秋季各施用一次；对于高养护管理的草坪，在草坪草快速生长的季节，最好每月施肥一次。

草坪草施肥上应注意以下几点：①按需施肥。按不同草坪草种、生长状况及土壤养分状况确定具体施肥种类和数量，避免盲目施肥。②平衡施肥。除非土壤中某种养分特别丰富，一般不单独施用某一种或两种营养元素。③速效氮肥应少量多次施用。④施肥必须全面均匀。有条件的最好使用配好的液肥。施肥后应立即灌水，提高肥效。

三、修剪

修剪是草坪养护管理中的核心内容。科学地对草坪进行定期修剪，可提高草坪质量，使草坪整齐美观，而且具有较高的坪用价值和经济价值，可促进分蘖，形成致密的草坪，改善通气性，减少病虫害的发生，有效地抑制杂草生长，提高其美观性。

草坪修剪应遵循“三分之一”原则，即被剪去的部分占草坪总高度的三分之一以内。如修剪量过大，将会由于叶面积大量损失而导致草坪草光合作用急剧下降。由于修剪不及时而导致失剪的草坪，仍应遵循“三分之一”原则，切忌一次修剪就达到需求的标准，而应通过少量多次修剪，逐步剪到需要的高度。

草坪修剪的时间与草坪草的种类、生长发育和肥料供给等有关。北方冷季型草坪草在春季和秋季是两个生长高峰期，修剪量加大和修剪次数增多，晚秋应逐渐减少修剪次数，夏季有休眠现象，也应根据情况减少修剪次数。

草坪修剪频率决定于草坪的生育状态、草坪的用途、草坪的质量及草坪草的种类，其中主要取决于草坪的生长速度和生长势。北方草坪不超过 10 cm 时就应修剪。

四、病害防治

北方草坪常见的病害有褐斑病、腐霉枯萎病和镰刀菌枯萎病。

（一）褐斑病

初期受害叶片或叶鞘常出现梭形、长条形或不规则形病斑，病斑内部呈青灰色水浸状，边缘红褐色，以后病斑变褐色甚至整叶水浸状腐烂。条件适宜时，在被浸染的草坪上形成几厘米至几十厘米，甚至 1～2 m 的枯草圈。清晨有露水或高湿时，有“烟圈”。该病主要为害早熟禾、高羊茅、黑麦草、剪股颖。

防治措施：定期修剪，及时清除枯草层和病残体，减少菌源量；加强草坪管理，平衡施肥、增施磷、钾肥。春季及早喷洒 25％敌力脱乳油 1 000 倍液或 50％灭菌灵可湿性粉剂 500～800 倍液。

（二）腐霉枯萎病

腐霉枯萎病是一种毁灭性病害。该病主要造成芽腐、苗腐、幼苗猝倒和整株腐烂死亡。尤其在高温高湿季节，对草坪的破坏最甚，常会使草坪突然出现直径2～5 cm 的圆形黄褐色枯草斑。清晨有露水时，病叶呈水浸状，暗绿色，变软、黏滑，连在一起，有油腻感。

防治措施：合理灌水，灌水要灌透，尽量减少灌水次数，降低草坪小气候相对湿度；加强草坪管理，及时清除枯草层，高温季节有露水时不修剪，以避免病菌传播。平衡施肥，避免施用过量氮肥，增施磷肥和有机肥。高温高湿季节可选择 800～1 000 倍液甲双灵、乙磷铝等药剂防治。

（三） 白粉病

白粉病为草坪草常见的病害，以早熟禾、细羊茅和狗芽根发病最重。受害叶片开始出现 1～2 mm 大小病斑，以正面较多，以后逐渐扩大呈近圆形、椭圆形绒絮状霉斑，初为白色，后变为灰白色至灰褐色，后期病斑上有黑色的小粒点。随着病情的发展，叶片变黄，早枯死亡。

防治措施：加强养护管理，适时修剪，减少氮肥，增施磷钾肥，合理灌溉，勿过干过湿。发病初期喷施 15%粉锈宁可湿性粉剂 1 500～2 000 倍液，25%敌力脱乳油 2 500～5 000 倍液。

（四） 夏季斑枯病

该病夏初开始表现症状，典型的夏季斑最初为枯黄色圆形小斑块，以后逐渐扩大成为圆形或马蹄形枯草圈，在持续高温天气下，病情发展迅速，一直持续到秋初。

防治措施：加强养护管理，科学养护促进根系健壮生长是防病的基础。选用多年生黑麦草、高羊茅等抗病品种。化学防治可用灭菌灵、代森锰锌、甲基托布津等药剂拌种，或用溴甲烷处理土壤，均有较好的效果。

（五） 镰刀菌枯萎病

该病主要造成烂芽、苗腐、根腐、茎基腐等一系列复杂症状。草坪上枯萎斑圆形或不规则形，老草坪枯草斑常呈“蛙眼”状，多在夏季湿度过高或过低时出现。

防治措施：种植抗病品种，提倡草地早熟禾与羊茅、黑麦草等混播。加强养护管理，重施秋肥、轻施春肥。

五、辅助管理

草坪管理中除了修剪、施肥、灌水、防病虫等主要管理措施外，还需采取一些辅助管理措施。

（一） 中耕

中耕是指在草坪上进行不破坏草坪土壤的、有选择的中耕，而不是过度破坏。如打孔、划条等。中耕可疏松土壤，促进根系发育。中耕不是日常管理措施，不需要每周或每月进行。

（二） 滚压

滚压是用压辊在草坪地上边滚边压的一项管理措施。滚压可以有效促进分蘖和匍匍茎伸长，使草坪变得致密、平整。可以抑制地上部的生长，促进根系发育，从而提高草坪抗逆性。这种管理广泛应用于运动场草坪的管理中。北方冷季型草坪应在春秋两个生长旺盛的季节进行。

（三）表施土壤

表施土壤是将沙、土壤和有机肥按照一定比例混合均匀施在草坪表面的作业。表施土壤可以改善草坪土壤结构，控制枯草层，防止草坪草徒长，有利于草坪更新。

【知识延伸】

北方草坪养护月历

一、1~3月

（1）北方地区根据冰雪融化时期，应严格采取措施，防止草坪过多遭受踩踏。

（2）3月起，应全面检查草坪土壤平整状况，对草坪中的低洼处，应适当增添薄层肥泥铺平，如低洼处超过 2 cm 以上时，则应使用草坪平板铲，先将低洼草坪掀起，再用肥土填平，然后将取下的草坪复原，并浇水、镇压。

（3）对踩踏过度、土层板结的草坪，应使用滚齿筒（即带钉的滚耙），翻松草根，浇水、施肥或加砂，然后用滚石压平。

二、4月

（1）4月上旬，即清明节前后，由于气温转暖，夏绿草冬季休眠结束，开始进入复苏生长阶段，冬绿草开始萌发新芽，此时人们习惯于踏青，应防止过度踩踏损伤嫩芽。

（2）对于公共绿地中的公园、广场、街头绿地里铺设的开放性草坪，则应设置明显标牌，限制游人入内。这项措施是十分必要的。

（3）对检查发现生长欠佳的草坪，如色泽失常，则应迅速增施一次含氮肥料，可以促进绿叶返青。

（3）对检查发现草坪中有大量宽叶类杂草（即双子叶类杂草），如车前草、蒲公英、野菠菜、一年蓬、刺果毛茛等存生，则应每隔 10 d 左右时间，连续两次，对杂草集中地段，喷撒西玛津、2，4-D 丁酯、扑草净、绿麦隆等除草剂。施用时，应详细了解配水浓度和用量，以防止用量过多将家草杀死，或施用方法不当，损伤草坪周围其他花木。

三、5月

（1）5月份，我国大部分地区的草坪植物开始进入旺盛生长时期，也是草坪定期剪草的起始。由于各类草坪草品种不同，生长快慢差异很大，因此间隔的天数不应硬性规定，一般情况下，茎叶直立向上的，如黑麦草、早熟禾、高羊茅、紫羊茅等生长速度快一些，修剪频率高一些。

（2）剪草操作过程中的留草高度因草坪不同用途而有所差别，供人观赏用的专用草坪，由于要求平整、美观，一般留草高度应控制在 1.5 cm 左右，而对一般性的大面积草坪，留草高度通常应控制在 2 cm 左右为宜。

（3）北方早春干旱缺雨地区，应及时对草坪进行必要的灌水，没有喷灌设备的也相应采取浇水措施，及早解除旱情。

（4）凡检查有锈病的草坪地块，应在锈病孢子扩散前及时喷射锈钠或石硫合剂，控制病情扩大。

四、6月

（1）6 月起，草坪进入夏季养护管理阶段，北方干旱地区为 10～15 d 一次，如遇到久旱不雨，则应将滚动式轧草机具的刀片高度调整，提高留草高度，而且剪后不必耙除碎草，因为这些碎草可以减少土面的蒸发。

（2）对于混种有车轴草的混栽草坪，应于剪草前先耙一遍，然后再轧剪，这样做可以控制住车轴草匍匐茎的蔓延。

（3）供人观赏的草坪，从 6 月起应经常修整草坪边缘，通常使用月牙状的铲子和长木板将草坪边切齐。

（4）南方霉雨地区，雨水充沛，应预先做好排涝准备，防止草坪积水。

（5）对检查发现失色的草坪地段，可结合灌溉浇水施以速效性氮肥如硫酸铵等。

（6）夏季观赏草坪如发现有过多的蚂蚁、蚯蚓拱掘土壤，应及时寻找蚁穴，倒 1～2 汤匙的二硫化碳熏杀，或敌百虫 1 000 倍液毒死，或青虫菌等生物性农药防治。

五、7月

（1）7 月天气持续炎热，草坪同上月一样，应进行常规的定期剪草，留草高度观赏草坪仍为 1.5 cm，一般草坪 2.5 cm。

（2）继续做好夏季草坪抗旱浇水工作。

（3）继续使用除莠剂对草坪中的恶性杂草进行防除。

六、8月

（1）草坪管理工作同于 7 月。

（2）如因耽误剪草次数而草坪草的茎叶过高时，应分两遍剪低，第一遍只剪去顶部，第二遍再调整滚刀，降低剪草高度。

（3）本月份是使用除莠剂和氨肥的最后月份。

七、9月

（1）自本月起属于秋季养护时期，剪草间隔天数应适当延长，留草高度应比夏季升高，观赏草坪一般升高为 4 cm，一般草坪升高为 3 cm。

（2）本月起由于气温下降，草坪害虫如草地螟、蝼蛄、金龟子幼虫等开始活跃，应积极防治病虫害。

（3）本月中、下旬可进行修补草坪上凹凸不平或秃裸空白以及草坪切边等秋季管理工作。

（4）对所有草坪，均可在本月上、中旬使用“钉耙”清除垃圾及厚的碎草，这样可以刺激分蘖和走蔓的发生。然后对其踩踏板硬的地块，使用农业钢叉进行刺孔，深度应为 10 cm 以下，并撒布一薄层配制的混合覆盖土，用扫帚将叶片上的土粒扫掉。

（5）如草坪上出现苔藓斑块，应在上述工作进行前，先用药物除去苔藓。

（6）有条件的地区，应在草坪上施用完全肥料或磷质肥料，以促进草坪草根群强大，增强其抗病能力和越冬能力。

（7）草坪上如有鼠洞时，则需要捕鼠填洞，提高草坪平整度和美观度。

（8）本月是建立新草坪的最好日子，通常铺设新草坪，均在本月份或下月初播种草籽。

八、10 月

（1）正规的剪草工作在本月初结束，最后一次剪草时的留草高度应适当升高，以利于草坪草正常越冬。

（2）施用杀虫剂、杀苔剂。修补草地，修整草坪边缘，对踩踏硬实处进行刺孔等草坪养护管理工作，均应合理安排，力争在本月起开始进行。

九、11 月

（1）如果天气晴朗温暖，土面较干实，特别是在我国南方地区，应再适当增加一次剪草。

（2）一般情况下，应将所有工具、机动设备等清洗上油，以利于收藏，备至来年使用。

（3）本月在部分草地上，如果发现有蜗牛为害，可及时施药消除。

（4）为了保持观赏草坪的平整美观，应及时清除积存在草坪上的秋季树木落叶。

（5）本月仍是使用铺草块的最好季节，一般情况下，容易成活发根，有利于越冬。

十、12 月

（1）本月我国大部分地区进入冬季，除偶而扫除落叶外，一般情况下，已无养护管理工作可做。

（2）注意潮湿地块及雨雪时土壤冻结情况，禁止在草坪上踩踏，否则会使草坪草遭受严重伤害。如必须在草坪上通行车辆，应先铺上木板。

【工作任务实施记录与评价】

1. 制定园林地被植物养护方案

师傅指导记录	施工工作计划质量评价	评价成绩
		年　月　日

2. 劳动力、用具等使用记录

日期	劳动力用量	养护材料	补植用量	其他材料
检查质量评价				评价成绩
				时间

3. 学徒关键职业能力及职业品质、工匠精神评价

项目	A	B	C	D
工作态度				
吃苦耐劳				
团队协作				
沟通交流				
学习钻研				
认真负责				
诚实守信				

4. 学徒的考核

项目	85分以上	70～85分	60～70分	不合格	权重
工作态度和考勤					50%
制定地被植物养护管理实施方案					10%
养护日志完成情况					5%
养护现场的清理					5%
养护工具的爱护与清点					5%

续表

项目	85 分以上	70～85 分	60～70 分	不合格	权重
与其他施工员及现场工人等的交流与合作					5%
与甲方的交流					5%
学徒手册					10%
养护成本					5%
总体评价					

【考核】

1. 制定一份本地某一工地绿地养护年历。
2. 制定本地某一工地常见病虫害防治工作计划。

参考文献

王锡林. 北方城镇园林绿地养护管理. 银川：宁夏人民出版社，2009.

陈有民. 园林树木学. 北京：中国林业出版社，1990.

高志勤. 园林种植施工与绿地养护. 北京：机械工业出版社，2015.

陈俊愉. 程绪珂. 中阓花经. 上海：上海文化出版社，1990.

邹长松. 观赏树木修剪技术. 北京：中国林业出版社，1988.

张秀英. 观赏花木整形修剪. 北京：中国农业出版社，1999.

王韫璆. 园林树木整形修剪技术. 上海：上海科学技术出版社，2007.

崔晓阳. 方怀龙. 城镇绿地土壤及其管理。北京：中国林业出版社，2001.

张养忠，郑红霞，张颖. 园林树木与栽培养护. 北京：化学工业出版社，2006.

康麓君，杨忠岐. 治沙造林工程学. 北京：中国林业出版社，2005.

闻子良，闻荃觉. 花卉的栽培与药用. 北京：中国农业科技出版社，1988.

张宝鑫，白淑媛. 地被植物景观设计与应用. 北京：机械工业出版社，2006.

蒋杰贤，严巍. 城镇绿地有害生物预警及控制. 上海：上海科学技术出版社，2007.

方剑锋，曾鑫年，周贱平. 城镇园林害虫的生物合理控制策略. 园林植物栽培与繁育，2002 (3).

王海光，马占鸿，黄冲. 植物病害管理与生物安全. 植物保护，2007：33 (3).

邱式邦，杨怀文. 生物防治：害虫综合防治的主要内容. 植物保护，2007：33 (5).

周洪义，周荣艳. 天津开发区园林植物害虫调查及无公害防治技术应用，园林植物栽培与繁育，2002 (5).

深圳市北林苑景观及建筑规划设计院. 图解园林施工图系列：种植设计. 北京：中国建筑工业出版社，2010.

附　录

Appendix

Appendix

Appendix

Appendix

附录1

园林种植施工养护岗岗位标准

附表 1-1　园林种植施工养护岗岗位标准

试点专业名称	园林工程技术专业
学徒岗位名称	种植施工养护岗
岗位工作描述	能够进行园林工程中园林种植施工图的识别，园林种植施工前的准备工作，种植施工季后期养护技术。培养学生具备较强的指挥园林种植施工一线工作综合职业能力、关键技术实践能力和良好的职业道德。
工作场所与使用工具	园林工程工地，各种园林工程公司，主要使用土地、经纬仪、全站仪、待栽植的园林植物、生根粉、消毒剂、草绳、铁锹、冰箱、修枝剪、高枝剪、绿篱剪、草坪修剪机、挖掘机、打药车、洒水车、涂白剂等。
职业安全与规章制度	根据安全生产监督管理局、质量技术监督局等的通知要求，为了加强安全生产管理、规范安全生产，根据《中华人民共和国安全生产法》和有关法律、行政法规的规定，由学徒企业的办公室、安全科、生产部、技术部等组织定期培训，对学徒岗位员工的操作规范、工艺流程进行定期安全教育培训，并定期组织安全消防教育培训，确保提高员工安全生产意识与素质；并将相关要求融入具体学习内容，贯穿学徒岗学习全过程。 一、种植施工养护岗需要遵守的相关法规、规范及标准 《园林树木养护技术规程规范》《园林绿化养护质量标准及技术规范》《园林绿化工程苗木栽植规范》《园林绿化工程苗木验收规范》《中华人民共和国安全生产法》《大树移植技术规程》《林业苗圃工程设计规范》《绿篱修剪机的技术要求及操作规程》《绿化喷洒车的技术要求及操作规程》《园林植物栽植技术规程》《城市园林绿化工程施工及验收规范》《城市绿化植树工程施工规范》《草坪与地被规程规范》《草坪产品等级标准》《垂直绿化技术规程》《古树名木管理技术规范》《花坛、花境技术规程》《园林栽植土质量标准》《行道树栽植技术规程》《园林植物养护技术规程》，以及需要遵守的其他职业规范与规章制度。

续附表 1-1

职业安全与规章制度	**第一条　种植施工养护岗学徒基本守则** 热爱行业，服务社会；尊重他人，诚实守信；遵守制度，安全施工，用心做事，追求卓越；不断进步，完善自我；团结合作，坚持原则；爱护公司财务，提倡勤俭节约；严守岗位资料机密；保持环境卫生，注意个人仪表。 **第二条　种植施工养护岗学徒企业实习阶段工作风纪** 1. 鼓励学徒间、员工间、员工与客户间积极沟通交流，但不能因此妨碍工作。办公期间应该坚守岗位，不要随意窜岗聊天。需要暂时离开时，应知会领导或师傅。 2. 办公室是公司办公场所，有公司很重要的财物和信息资料。所有来访的客人必须由邀请人陪同才可进入；接待来访、业务洽谈应在洽谈室或会议室进行。 3. 不得浪费、损坏公司公物，或将公司公物占为己有，消费使用，一经发现给予警告、罚款。 4. 学徒在企业实习期间外出公务或出差必须乘坐公司指定交通工具，并按规定标准住宿，并及时报班主任和实习指导教师。不得乘坐如摩托车、三轮车等非客运机动车。 **第三条　种植施工养护学徒岗职业安全** 1. 业务安全 （1）务必保管好持有的公司涉密文件。 （2）未经授权或批准，不得对外提供有密级的公司文件或其他未公开的经营状况、财务数据等。 （3）对非本人职权范围内的公司机密，应做到不打听、不猜测、不传播。 （4）发现了有可能涉密的现象应立即向有关上级报告。 （5）学徒在实习期间不得将单位的任何保密资料进行转存携带。 （6）学徒在实习期间不得私自将实习单位的内部资料以任何方式透露给他人。 2. 政治安全 （1）如果接收到暴恐音频、视频、违法信息后立即向实习单位负责人及实习指导教师汇报，进而督促实习单位负责人向当地公安机关报案，不得向亲朋好友及其他 QQ 群、微信群等其他网络社交平台扩散。 （2）不得从学徒实习单位周边市场购买含有暴恐音频、视频等音像制品及纸质非法书籍资料。 （3）不得购买管制刀具、危爆物品等，不得在实习单位提供的住处藏匿暴恐音频、视频及管制刀具、危爆物品等。 （4）不得在单位的实习工作场所、住宿场所、就餐场所等其他场所从事宗教活动。 （5）不得到实习单位周边清真寺去从事做礼拜等宗教活动。

续附表 1-1

职业安全与规章制度	(6) 不得购买穿戴含有宗教标识的衣服、帽子等物品，不得购买贮藏含有宗教标识的纪念品等。 3. 自身安全 (1) 学徒学生在校或在企业实习期间不论有无驾照均不允许驾驶机动车辆。 (2) 上下班（课）期间严格遵守交通规则，避免发生人身意外。 (3) 在施工场地戴好防护用具，注意个人及他人安全。 (4) 晚上 8 点后不单独外出。坚决杜绝夜不归宿，有一次夜不归宿立刻终止学徒学习阶段，并按照学院管理规定处理。 (5) 学徒学生在单位实习期间做好水、电、暖安全，上班前、睡觉前检查水电，确保安全。 (6) 做好防火工作，不使用大功率用电器。 **第四条　种植施工养护岗学徒的工作与学习制度** 1. 企业学徒学生在企业指导教师指导下直接上岗从事公司职业岗位工作。岗位工作等同于企业员工，顶岗实习学生不得提出特殊要求。 (1) 企业学徒学生工作期间必须服从部门管理人员、班组长工作安排，严格按照技术规范要求开展职业岗位工作。对工作中不清楚的技术问题，要勤学、勤问、勤练，掌握后再上岗操作，保证工作质量，提高技术水平。 (2) 遵守劳动纪律，反复操作训练，精确操作，提高劳动效率，高效高质量完成岗位工作。 (3) 企业学徒学生有权拒绝与职业岗位无关工作，并积极主动与指导教师、上级领导反映、沟通。 2. 实习期间，学生采用边工作边学习的工作导向教学与学习方法，学生在已有知识技能的基础上，主要采用以下学习方法： (1) 作为学徒，在企业指导教师指导下，通过反复工作训练，掌握职业岗位操作（原为“职业”）技能。学生要多与企业指导教师交流沟通、请教业务技术，注重学习指导教师分析问题、解决处理问题的思维方式，工作经验，公司人际关系等方面的知识。 (2) 充分利用公司业务技术培训的机会，学习业务技术。 (3) 利用业余时间，自学学院提供的技术指导手册、企业技术资料。根据生产中问题，通过各种信息渠道参阅学习相关知识、技术。 (4) 在学习、训练掌握职业岗位业务技术的同时，善于调研分析岗位业务技术，以及工作中存在的问题，通过研究，能够改进技术或管理程序、提高工作效率。 3. 学生必须服从学校实习的统一安排，个人不得擅自调换企业和岗位。如确有问题须向学校指导教师提出申请，经批准后方可调换，否则以实习成绩不及格处理。

续附表 1-1

职业道德与素质要求	吃苦耐劳、工作认真负责、时间观念强、耐心细致、科学严谨，遵守公司和实验室的规章制度，具有质量第一的职业态度和强烈的事业心。			
行业企业职业行为规范	遵守企业的规章制度，时间观念强，爱护公司财务，提倡勤俭节约；严守岗位资料机密；保持环境卫生，注意个人仪表；爱岗敬业；团结同事。			
对应职业资格	绿化工、施工员、二级建造师			
岗位工作任务（或项目）	工作过程与技术、质量要求	专业知识要求	技术技能要求	综合职业能力要求
场地整理	了解工作任务—熟读施工图—施工现场的整理—废弃物的处理—填写施工日志	能够根据施工工期和施工组织设计、施工图，在熟识施工图的基础上，确定施工现场，进行施工现场的不同区域的划分，根据种植植物种类进行现场整理，确定施工所需要的工期及需要工人的数量，现场整理完毕后能够妥善收齐工具并处理废弃物。	能根据施工现场及施工组织设计识读施工图，具备人员、工具核算、组织能力。	1. 熟悉施工图与公司同事有效交流。 2. 具有吃苦耐劳、开拓创新，团结协作等职业能力。 3. 具备信息采集、分析问题、解决问题、举一反三、学习迁移的能力素质。
种植施工	了解工作任务—根据现场和施工图确定植物的位置（施工放线）—挖种植穴或播种（草坪种子的比例及用种量）—定植—立支架—浇水进入养护阶段	熟悉园林花木、草坪的特点，做好施工生产准备工作，熟悉本地常见草坪草的种类，常见园林花木的生物学和生态学特点，根据特定植物采取一定的措施促进成活率或成坪率，能使用常见的生产工具。能够指导工人进行种植施工，包括定植、草坪播种、铺草皮等，发现问题并提出相应的解决措施，完成施工日志。	能根据施工图指导工人进行种植施工，能够熟悉本地常见草坪草的种类，常见园林花木的生物学和生态学特点，根据特定植物采取一定的措施促进成活率或成坪率，能使用常见的生产工具，能对突发情况作出正确判断。	1. 熟悉园林劳动定额及劳动力市场，与公司同事有效交流。 2. 具有吃苦耐劳、开拓创新，团结协作等职业能力。 3. 具备信息采集、分析问题、解决问题、举一反三、学习迁移的能力素质。 4. 在园林企业师傅的指引下掌握种植施工技术，获得相关施工经验。

续附表 1-1

种植施工养护	了解园林花木特点及土壤和气候—开展种植施工养护—填写养护日志	行业规范，园林植物的生态习性，园林植物的生长特点，修剪顺序，修剪程序，修剪工具的使用方法，修剪工具的维护知识，园林植物生长习性，园林植物病虫害知识，园林植物病虫害防治，常见杀虫剂、杀菌剂的配制和使用知识，园林植物生长的特点，肥料的基础知识，哪些园林植物需要进行越冬防寒，越冬防寒的方法。	首先要根据施工质量要求，确保成活率。能根据园林植物的特点确定浇水时间、浇水频次、浇水量，能够针对不同园林景观效果进行园林植物的修剪，能够根据园林植物的病虫害表征进行识别，对症下药，能够确定施肥量、施肥种类和施肥时间、施肥次数，根据园林植物的特点采取合适的越冬防寒的方法。发现死苗及时补苗，并总结经验，防治数量扩大。	1. 拥有对工作环境和工作对象较高的观察力、沟通能力，能和企业同事和工人进行有效的沟通。 2. 具有分析问题、解决问题、举一反三、学习迁移的能力。 3. 能在企业师傅的带领下完成相应工作任务，获得生产经验。 4. 能总结、创新，节约成本，提高成活率，提高公司效益。
工程项目竣工验收	申请验收—绘制竣工图—完成验收—再次绘制竣工图	1. 国家的关于验收的程序； 2. 验收的规范及标准； 3. 验收材料的准备。	1. 按照正确程序申请项目竣工验收； 2. 准确记录验收意见并针对性快速进行整改。	分析与解决问题的能力、人际沟通能力、心理承受能力、公文写作能力、办公软件操作能力。
职业品质与工匠精神案例	黎军，宁苗园林集团有限公司。曾主管银川工人街、青山绿地、青山路等。他终年奋战在绿化工作的第一线，不畏艰辛，全心投入，为绿化工作做出了突出贡献。他所在班组曾连续两年被绿化队党支部评为园林系统先进班组，他被××区绿化队支部评为“优秀党员”；被绿化队党支部评为“优秀党员”。			

续附表 1-1

职业品质与工匠精神案例	**一、爱岗如家，虔诚履责** 黎军能做到爱岗敬业，忠于职守，每天的时间他都安排得满满的。由于很多工作时间紧，任务重，经常加班至深夜。固然很辛劳，他还是乐意去做，任劳任怨。作为一位老工人、老党员，他带领班组成员团结一致完成领导交办的各项工作任务，处处起到了模范带头作用。在工作中，他尊敬领导，谦虚谨慎、严于律己、团结同事，服从领导分配的各项工作任务，对工作认真负责，严格要求自己，处处事事要起好的带头作用，并时时刻刻留意个人形象，要求他人做到的事自己必须先做到。正是由于他在工作中的表现和敬业精神，得到了领导的关心和信任。 **二、勤奋好学，勤于思考** 为了干好工作，他重视加强本身的学习，提高自己的政治素质和业务水平。在政治上，他严格要求自己，认真学习党的各项方针政策，认真地学习党的基本理论，使自己在政治上和党中央保持高度一致；在工作中，他重视学习各种绿化和植物养护知识，并学以致用，做好笔记，为以后的工作提供可以借鉴的经验。同时积极协助领导出谋划策，解决绿化工作中碰到的各种实际困难。 **三、立足本职，尽心尽责** 在正常绿化管理进程中，他认真做好对春、秋、冬季植树季节苗木管理，对进出苗圃的苗木严格按规定和病虫害防治管理的要求，对每棵苗木严把检查质量关，控制流行性树木病虫害蔓延和传播。把带有病虫害的苗木按领导要求就地烧毁，切断病虫害蔓延的源头。对苗圃的整体工作，根据不同季节苗木管护不同，对苗木管理技术进行指导，适时给苗木浇水、修剪、施肥，给花卉做好病虫害防治。促进苗木和花卉正常生长，提高苗圃的苗木出圃率和有效地确保节日花卉摆放的需求。通过对绿化工作管理和工作实践，大大地提升了对绿化管理工作的能力。 绿化工作看似简单，实则不容易，一年四季，种花栽树、剪枝除草、浇水施肥等工作比较繁琐。一是时间性强。如春季种花栽树的大忙季节，有时一次购进上千棵树苗，有时购进几千盆花卉，要在一两天或更短的时间全部栽种终了，难度很大，他主动放弃自己的休息时间，和同事们一起加班加点完成工作任务；二是技术性强。别看只是树木花草，如何种好它们，并保证它们的成活率，在栽种的进程中都有一定的讲究，必须在专业职员的指导下进行。如根须埋的深与浅，对它的生长都有很大影响。作为一位老工人，他能够把握专业技术，干好工作，并能够为其他同事提供技术指导，确保所种各种植物的成活率；三是需精心管理。做好绿化植物的管理是一件比较麻烦的事情，修枝、浇水、施肥、防治病虫害，他就像照顾自己的孩子一样，每件事都耐心、细致地按时完成。看着亲手种下的植物成长起来，成为一处景观，他心里有一种成就感。

续附表 1-1

职业生涯发展规划	学徒期间在企业师傅指导下完成企业的生产任务，并对所学知识、技能进行总结归纳，以此作为施工岗和设计岗的拓展平台。在最后一个学期的学徒实习期间，根据第一轮学徒岗位实习情况和个人对行业的任职，可以选择几个岗位中的一个岗位进行强化训练。选择种植施工养护岗的学徒可以继续以具体的工作任务为载体，深刻领会种植施工养护的知识和技能。种植施工养护是一个经验积累的过程，短期内是无法习得的。因此，选择这个岗位的同学，只是应在种植施工养护企业工作两年以上，才能成为这方面的技术人才，而后在企业提供培训、交流的平台的基础上，不断拓展自己的知识面，多看、多听、多动手、勤总结，成为新疆园林种植施工养护方面的能工巧匠或技术大师。

附录2 园林工程技术专业学徒岗位课程标准

附表 2-1　园林工程技术专业学徒岗位课程标准

试点专业名称	园林工程技术		
学徒岗位课程名称	园林种植施工养护岗		
学徒岗位课程工作描述	园林种植施工岗前培训—施工图的识别—场地整理—种植施工—施工养护	学徒工作学习周数	12 周
课程教学目标与学习产出	**职业素质目标：(可量化考核)** 1. 严格遵守公司各项规章制度，并严格执行； 2. 定期进行员工培训学习以及专业知识考核等； 3. 认真完成公司布置的施工任务； 4. 按时参加部门大会和小组研讨会，及时汇报养护过程出现的问题，并提出有效的解决措施； 5. 能完成公司交给的外培任务，并取得合格证； 6. 能对施工工人进行生产作业培训，有效地完成工作任务； 7. 能够通过咨询、查阅文献等总结出种植施工、养护的新技术，通过生产实践，提高园林种植施工技术。具备知识迁移能力和举一反三的素质要求。 **专业知识目标：(可量化考核)** 1. 遵循并执行现行的施工生产规定与技术标准； 2. 施工图基本理论知识； 3. 熟悉常见的园林实物的生态习性； 4. 园林绿地的灌溉管网维护方面的知识； 5. 园林植物修剪方面的知识； 6. 园林植物施肥、安全越冬知识； 7. 病虫害防治方面的基础知识；		

续附表 2-1

课程教学目标与学习产出	8. 安全施工知识； 9. 熟悉施工组织设计，按照施工图进行施工生产； **职业能力目标：(技术技能和岗位从业能力)** 1. 种植施工图的识别能力； 2. 安全施工能力； 3. 施工现场整理能力； 4. 种植施工能力； 5. 施工养护能力。
学徒岗位课程实施工作场所与使用工具	园林实训场，学徒制企业园林工地 园林植物施工用具（铁锹、草绳、木棍等）、修剪用具（修枝剪、麻绳、铁丝、草坪修剪机等）、病虫害防治用具、施肥及越冬防寒用具
学徒岗位课程实施岗位职业安全与规章制度	**种植施工养护岗需要遵守的相关法规、规范及标准：** 《园林树木养护技术规程规范》《园林绿化养护质量标准及技术规范》《园林绿化工程苗木栽植规范》《园林绿化工程苗木验收规范》《中华人民共和国安全生产法》《大树移植技术规程》《林业苗圃工程设计规范》《绿篱修剪机的技术要求及操作规程》《绿化喷洒车的技术要求及操作规程》《园林植物栽植技术规程》《城市园林绿化工程施工及验收规范》《城市绿化植树工程施工规范》《草坪与地被规程规范》《草坪产品等级标准》《垂直绿化技术规程》《古树名木管理技术规范》《花坛花境技术规程》《园林栽植土质量标准》《行道树栽植技术规程》《园林植物养护技术规程》，其他需要遵守的职业规范与规章制度。 **第一条　种植施工养护岗学徒基本守则** 热爱行业，服务社会；尊重他人，诚实守信；遵守制度，安全施工；用心做事，追求卓越；不断进步，完善自我；团结合作，坚持原则；爱护公司财物，提倡勤俭节约；严守岗位资料机密；保持环境卫生，注意个人仪表。 **第二条　种植施工养护岗学徒企业实习阶段工作风纪** 1. 鼓励学徒间、员工间、员工与客户间积极沟通交流，但不能因此妨碍工作。因此，办公期间应该坚守岗位，不要随意串岗聊天。需要暂时离开时，应知会领导或师傅。 2. 办公室是公司办公场所，有公司很重要的财物和信息资料。所有来访的客人必须由邀请人陪同才可进入；接待来访、业务洽谈应在洽谈室或会议室进行。 3. 不得浪费、损坏公司公物，或将公司公物占为己有消费使用，一经发现给予警告、罚款。 4. 学徒在企业实习期间外出公务或出差必须乘坐公司指定交通工具，并按规定标准住宿，并及时报班主任和实习指导教师。不得乘坐如摩托车、三轮车等非客运机动车。

续附表 2-1

学徒岗位课程实施岗位职业安全与规章制度	**第三条　种植施工养护学徒岗职业安全** 1. 业务安全 (1) 务必保管好持有的公司涉密文件。 (2) 未经授权或批准，不得对外提供有密级的公司文件或其他未公开的经营状况、财务数据等。 (3) 对非本人职权范围内的公司机密，应做到不打听、不猜测、不传播。 (4) 发现了有可能涉密的现象应立即向有关上级报告。 (5) 学徒在实习期间不得将单位的任何保密资料进行转存携带。 (6) 学徒在实习期间不得私自将实习单位的内部资料以任何方式透露给他人。 2. 自身安全 (1) 学徒学生在校或在企业实习期间不论有无驾照均不允许驾驶机动车辆。 (2) 上下班（课）期间严格遵守交通规则，避免发生人身意外。 (3) 在施工场地戴好防护用具，注意个人及他人安全。 (4) 晚上 8 点后不单独外出。坚决杜绝夜不归宿，有一次夜不归宿立刻终止学徒学习阶段，并按照学院管理规定处理。 (5) 学徒学生在单位实习期间做好水、电、暖安全，上班前、睡觉前检查水电，确保安全。 (6) 做好防火工作，不使用大功率用电器。 **第四条　种植施工养护岗学徒的工作与学习制度** 1. 企业学徒学生在企业指导教师指导下直接上岗从事公司职业岗位工作。岗位工作等同于企业员工，顶岗实习学生不得提出特殊要求。 (1) 企业学徒学生工作期间必须服从部门管理人员、班组长工作安排，严格按照技术规范要求开展职业岗位工作。对工作中不清楚的技术问题，要勤学、勤问、勤练，掌握后再上岗操作，保证工作质量，提高技术水平。 (2) 遵守劳动纪律，反复操作训练，精确操作，提高劳动效率，高效高质量地完成岗位工作。 (3) 企业学徒学生有权拒绝与职业岗位无关工作，并积极主动地与指导教师、上级领导反映、沟通。 2. 实习期间，学生采用边工作边学习的工作导向教学与学习方法，学生在已有知识技能的基础上，主要采用以下学习方法： (1) 作为学徒，在企业指导教师指导下，通过反复工作训练，掌握职业岗位操作（原为“职业”）技能。学生要多与企业指导教师交流沟通、请教业务技术，注重学习指导教师分析问题、解决处理问题的思维方式，工作经验，公司人际关系等方面的知识。 (2) 充分利用公司业务技术培训的机会，学习业务技术。

续附表 2-1

学徒岗位课程实施岗位职业安全与规章制度	(3) 利用业余时间，自学学院提供的技术指导手册、企业技术资料。根据生产中问题，通过各种信息渠道参阅学习相关知识、技术。 (4) 在学习、训练掌握职业岗位业务技术的同时，善于调研分析岗位业务技术，以及工作中存在的问题，通过研究，能够改进技术或管理程序、提高工作效率。 3. 学生必须服从学校实习的统一安排，个人不得擅自调换企业和岗位。如确有问题须向学校指导教师提出申请，经批准后方可调换，否则以实习成绩不及格处理。
行业企业工作学习职业行为规范	正确对待工作规范；树立正确的工作观；要把工作当成事业去完成；个人目标与企业发展目标相结合；做得比学徒师傅期望的结果还好；创造性地工作，懂得提升工作效率；在期限内完成工作任务；工作时间全身心投入；对待学徒企业规范；牢记公司利益；不要忘记整顿办公环境；随时随地要有节省意识；要严格遵守公司制度；你可能不赞成，但必须去执行；不要泄露公司的机密；要学会与公司共命运同发展；对待公司领导的五项规范；意识到领导和自己并非对立关系；不要认为领导容易；积极想办法为领导分忧；和领导风雨同舟；欣赏和赞美自己的领导；对待自己师傅规范；尊师重道；感恩师傅所教所管；积极想办法为师傅分忧；主动向师傅学习；脑勤、手勤、腿勤、嘴勤；对待自己规范；牢记你就是自己最大的敌人；有想要成功的意识；树立好习惯；学会调节压力；树立一个奋斗的目标；加强自我管理学会自我激励；对待同事规范；学会尊重别人；学会欣赏他人；不要自视甚高；牢记团队利益高于一切；不要嫉贤妒能。
企业师傅、专业指导教师配置与教学要求	**一、企业为施工养护岗的学徒每 2～3 名配备 1 名企业师傅，配备的师傅条件如下** 1. 热爱园林事业，对培养园林行业人才有充分热情，具有良好的政治思想素质和职业道德。 2. 具备丰富的处理问题能力，善于沟通和表达，掌握并灵活运用行业知识进行技能的传授和讲解能力。 3. 工作经历技术成绩突出，善于“传、帮、带”，近三年在企业生产工作中，没有违纪、违章、违规行为。 4. 取得园林行业技师职业资格证一项者或具有初级以上工程师职称者。 5. 接受过专门的职业教育或系统的园林专业职业技能培训。 6. 在园林施工生产领域从事工作 3 年以上，具有丰富的生产经验和知识水平，具备良好的语言表达能力和沟通交流能力。 7. 身体健康，心理健康，能坚持正常工作，男性 60 岁以下，女性 55 岁以下。

续附表 2-1

企业师傅、专业指导教师配置与教学要求	**二、企业师傅教学要求** 1. 认真做好对实习生的日常考勤和管理，加强职业道德、劳动纪律和企业文化等教育，培养学生文明、守纪的良好习惯。 2. 负责指导实习生熟悉实习工作环境和防护设施，提高学生的自我保护能力，采取有效措施防止学生在实习中受到伤害和发生安全事故。 3. 认真做好对实习生技能训练的指导和各技术环节的示范，使学生尽快掌握实际操作技能，严格要求学生，并经常进行提问、讲解与指导。 4. 认真听取学校和实习指导教师的意见，采取措施及时解决实习指导中存在的问题，不断提高实习质量。 5. 督促学生及时填写实习生手册，对学生的实习小结填写评语并签名。 6. 实行学生实习信息通报制度，定期向学校、学生家长通报交流学生实习情况。 7. 配合学校和第三方评价机构，对实习学生进行岗位评价考核。 8. 认真完成企业领导交办的其他各项工作任务。 **三、校内专业指导教师配备要求** 按照种植施工养护岗知识内容结构，一类岗位学徒制学生配备该专业方向2～3名校内专任指导教师，负责知识体系构建、课程理论及部分实操的授课。到企业后学徒班配备校外实习指导教师进行学习督导。 教学要求：课程教学教师具有双师素质，讲授课程以项目化教学为主，重视课程产出，重视项目实训，注重职业素质教育。 学徒实习指导教师教学要求： 1. 在学徒岗位实习管理网站上对实习学生进行日常管理。 2. 指导教师要制定指导工作计划，填写指导手册，完成书面工作总结。 3. 指导教师与企业师傅经常联系对接，督促学徒完成企业生产任务和学习任务，解决学生的思想问题等。 4. 负责与学徒制单位联系，积极配合学徒制单位工作，及时解决学徒实习中的问题，争取学徒实习单位的支持和帮助，搞好学徒实习单位与学校的关系。 5. 指导教师要指导学生筛选、确定学徒实习单位、岗位，开展顶岗实习。 6. 指导教师要对学徒学生在企业实习全程通过电话、书信、E-mail、走访等形式进行专业技术指导、职业综合能力培养指导、就业指导。 7. 指导教师要帮助学生做好毕业论文选题工作和制订进程计划。学生选定题目后，教师要向学生介绍毕业论文题目的意义和要求，要指导学生进行调查（包括查阅资料）、研究、写作。指导教师要及时检查学生毕业论文进度和工作质量，定期与学生联系，解答学生提出的有关问题。 8. 指导教师要严格要求学生，重视培养学生独立工作的能力、分析问题、解决问题能力和创新能力。

续附表 2-1

企业师傅、专业指导教师配置与教学要求	9. 负责了解、掌握及检查学生完成实习的情况，指导学生撰写实习总结，调查报告等；对在实习中违反纪律且情节严重的学生，指导教师要对其进行批评教育，通知班主任并及时向实习领导小组汇报。 10. 指导学生完成毕业论文，给出成绩并帮助做好答辩准备工作。 11. 负责学生实习成绩的评定工作。 12. 按分院要求按时收回指导学生的学习材料。 13. 遇突发事件，第一时间掌握具体情况并处理。报告程序：通知班主任，报安全稳定领导小组和教学就业工作办公室。			
可考取的职业资格证书、行业或企业证书	施工员、二级建造师和一级建造师			
岗位工作学习任务（或项目）	工作学习内容	工作学习组织	学习产出考核标准	工作学习时间（周）
1. 岗前培训	企业文化、企业人事、企业组织管理制度、考勤制度等的学习、安全生产知识	由学徒企业组织进行	1. 基本语言表达能力 2. 企业师傅提问与企业相关的知识	0.2
2. 识读施工图	施工图的相关知识	根据学徒企业的施工组织设计和施工图进行识别	正确识读施工图	0.2
3. 场地整理	1. 根据施工现场进行施工场地整理 2. 合理安排工序 3. 合理安排工人和用具	在学徒制企业的施工工地进行	1. 按照施工工期要求完成场地整理 2. 废弃的处理	0.6
4. 种植施工	1. 园林树木施工知识 2. 园林花卉施工知识 3. 草坪种植施工知识	在学徒制企业的施工工地进行	1. 按图施工 2. 施工位置正确 3. 达到施工质量要求	4

续附表 2-1

5. 种植施工养护	1. 浇水知识 2. 修剪知识 3. 施肥知识 4. 越冬防寒知识 5. 病虫害防治知识	在学徒制企业的施工工地进行	树木、花卉和草坪达到施工质量要求	6
6. 竣工验收	1. 完成任务，申请项目验收 2. 配合甲方验收 3. 绘制施工图	1. 国家的关于验收的程序 2. 验收的规范及标准 3. 验收材料的准备	1. 按照正确程序申请项目竣工验收 2. 准确记录验收意见并有针对性地快速进行整改	1
职业品质与工匠精神培养	善于交往、表达；具有敬业精神；富有奉献精神；有较强的责任心和踏实认真的工作态度；能够按照生产规程进行操作。			
工作学习资源	泛雅平台相关课程资源，学徒企业提供场地，实习企业提供场地； 课程资源：1. 园林植物；2. 园林树木分类与栽培；3. 园林植物病虫害防治；4. 园林工程			
学徒工作学习组织管理计划	**一、岗位训练学徒组织管理机构** 1. 企业是学徒岗位训练和专业核心能力训练教学工作的主体，为了加强岗位训练和专业核心能力训练工作的管理，成立岗位训练和专业核心能力训练工作小组，工作小组根据培养目标和模块设置确定岗位训练和专业核心能力训练模块内容，负责制定岗位训练和专业核心能力训练实施计划并组织实施。 2. 学徒岗位训练和专业核心能力训练工作小组组长由企业相关分管领导担任，副组长由办公室主任和学院相关系部主任担任，成员由企业相关部门负责人、工程技术人员、一线指导师傅及学院相关分院教师、相关职业技能指导教师组成。领导小组办公室设在企业办公室，由办公室主任负责，并配备适当工作人员。 3. 学徒开展岗位训练和专业核心能力训练过程中应配备具有一定专业素养和技能水平的指导师傅，指导师傅的遴选由岗位训练和专业核心能力训练工作小组负责，每个指导师傅所带学徒的数量控制在 2～5 人。 4. 为了加强学徒岗位训练和专业核心能力训练工作有效性，学院要组建一支由行业专家和相关职业工种技能培训教师组成的岗位训练和专业核心能力训练教学指导队伍，负责学徒训练过程的业务指导，并会同岗位训练和专业核心能力训练工作小组及时调整岗位训练和专业核心能力训练计划。			

续附表 2-1

学徒工作学习组织管理计划	学徒在岗位训练和专业核心能力训练期间接受企业的技术指导，由学校和企业双重管理。 **二、岗位训练学徒管理** 1. 学徒应严格遵守企业的规章制度，服从管理，虚心向指导老师学习、请教，认真完成岗位职责。 2. 训练学徒必须按规定时间完成训练，如学徒中途无故擅自离开训练岗位，未完成训练者，或者在训练过程中违反安全生产操作规程并造成损失的不能获得岗位训练和专业核心能力训练的成绩。 **三、岗位训练学徒文档管理** 岗位训练和专业核心能力训练文件主要包括训练教学大纲、训练计划、训练教材、训练指导书、教学训练考核评分标准及各种过程记录文档和考核报告。
学徒考核评价方案	1. 考核内容 选择能够全面反映学徒综合素质的技能项目工作内容作为考核评价内容：学徒在每个实践单元的工作态度、工作表现等；学徒的理论知识掌握程度和处理问题能力；学徒的项目完成效果。 2. 考核时间 采用分阶段考核的方法，在每一项实践内容结束后进行考核。 3. 考核人员 考核人员应具有权威性和代表性，多方评价，体现公平、公正的原则。包括专任教师、企业师傅、行业专家和学生等。 4. 考核形式 考核形式可以灵活多样，综合运用实际操作、现场答辩、技能比赛、完成生产任务、撰写解决实际问题方案等多种手段对职业技能和职业素养进行评价。 5. 考核成绩评定 考核成绩评定应考虑多方因素，确定合理的比例，如学徒工作态度、工作表现等占 50%，平时成绩占 20%，项目完成情况占 30%。 6. 评价等级 考核后应分出等级，包括优秀、良好、中等、及格、不及格等，一般 90 分及以上为优秀，80～89 分为良好，70～79 分为中等，60～69 分为及格，60 分以下为不及格。 7. 考核结果处理 考核评价后对考核结果制定相关处理办法：考核不及格者，需要进行补考和重修。对于缺勤 1/3 的同学禁止参加考核，重修后方能参加考核。对于综合考评优秀的学生（学徒）给予一定的奖励。

续附表 2-1

学徒岗位认证条件	1. 能够完成企业交付施工生产方面的任务； 2. 完成校内学习任务，并考核合格； 3. 遵守企业的规章制度； 4. 在政治安全方面无问题； 5. 经企业师傅考核成绩合格； 6. 完成学校学习阶段的学习任务，达到合格。

附录3
园林种植施工与养护学徒岗学徒师傅聘任标准与教学指导工作规范

第一部分　学徒师傅聘任标准

为深化落实推动教育部《关于委托开展职业教育现代学徒制理论研究与实践探索工作的通知》，以园林企业用人需求与岗位资格标准为服务目标，丰富中国特色职业教育体系内涵，并使园林工程技术专业的现代学徒制改革顺利开展并取得实效，确保企业师资水平能够满足园林种植施工与养护现代学徒制教学的需要，特制定本标准。

一、聘任对象

种植施工与养护学徒制企业师傅的聘请对象主要是园林企事业单位中从事生产、技术、科研工作，经验丰富，德行俱佳的在职人员。

二、聘任条件

1. 热爱园林事业，对培养园林行业人才有充分热情，具有良好的政治思想素质和职业道德。

2. 具备丰富的处理问题能力，善于沟通和表达，掌握并灵活运用行业知识进行技能的传授和讲解能力。

3. 工作经历技术成绩突出，善于“传、帮、带”，近三年在种植施工与与养护企业生产工作中没有违纪、违章、违规行为。

4. 取得园林行业技师、二级建造师、一级建造师、注册造价师、注册规划师其中一项职业资格或者具有工程师及以上技术职称者。

5. 接受过专门的职业教育或系统的园林专业职业技能培训。

6. 有制定、实施培训方案的能力，具备良好的语言表达能力和沟通交流能力。

7. 身体和心理健康，能坚持正常工作，男性60岁以下，女性55岁以下。

三、评聘程序

由园林企业根据评选条件，结合实际情况采取（笔试、技能操作）方式进行评选。

获得推选的师傅需填写园林行业师傅申报认定表，单位盖章后，由单位和合作院校共同审核。

经评审通过的师傅，发放聘书，聘期为三年。聘书加盖学院和师傅所在企业公章。

四、奖励办法

对于师傅带徒弟期间表现优秀的人员给予精神奖励，由单位和学院统一发文表彰，发给获奖证书。带徒弟计算兼职教师工作量，按照学校统一标准进行发放。

将优秀师傅的评选获奖情况计入个人档案，作为晋职晋级的考核依据之一。

园林行业师傅申报认定表

No.

<table>
<tr><td>姓名</td><td></td><td>性别</td><td></td><td>年龄</td><td colspan="2"></td><td rowspan="3">照片</td></tr>
<tr><td colspan="2">工作单位</td><td colspan="2"></td><td>技术职务
资格</td><td colspan="2"></td></tr>
<tr><td colspan="2">通信地址</td><td colspan="3"></td><td>邮政编码</td><td></td></tr>
<tr><td colspan="2">邮箱</td><td colspan="2"></td><td colspan="2">最高学历、学位</td><td colspan="2"></td></tr>
<tr><td colspan="2">专业技术职称</td><td colspan="2"></td><td colspan="2">毕业学校及时间</td><td colspan="2"></td></tr>
<tr><td colspan="2">技术、专业特长</td><td colspan="2"></td><td colspan="2">现从事技术岗位</td><td colspan="2"></td></tr>
<tr><td colspan="2">拟担任师傅岗位</td><td>岗位一</td><td></td><td>岗位二</td><td></td><td>岗位三</td><td></td></tr>
<tr><td colspan="2">岗位工作经历</td><td colspan="6"></td></tr>
<tr><td colspan="2">传授技能及工作业绩</td><td colspan="6"></td></tr>
<tr><td colspan="2">学习情况</td><td colspan="6"></td></tr>
<tr><td colspan="2">所在单位
推荐意见</td><td colspan="6">盖　章
年　月　日</td></tr>
<tr><td colspan="2">合作院系意见</td><td colspan="6">主任签字（单位代章）：</td></tr>
</table>

第二部分　学徒师傅教学指导工作规范

学徒师傅承担以下职责：

1. 认真做好对实习生的日常考勤和管理，加强职业道德、劳动纪律和企业文化等教育，培养学徒文明、守纪的良好习惯。

2. 负责指导实习生熟悉实习工作环境和防护设施，提高学徒的自我保护能力，采取有效措施防止学徒在实习中受到伤害和发生安全事故。

3. 认真做好对实习生技能训练的指导和各技术环节的示范，使学徒尽快掌握实际操作技能，严格要求学徒，并经常进行提问、讲解与指导。

4. 认真听取学校和实习指导教师的意见，采取措施及时解决实习指导中存在的问题，不断提高实习质量。

5. 督促学徒及时填写实习生手册，对学徒的实习小结填写评语并签名。

6. 实行学徒实习信息通报制度，定期向学校、学徒家长通报交流学徒实习情况。

7. 配合学校和第三方评价机构，对实习学徒进行岗位评价考核。

8. 对师傅工作做到有记录有考核，对考核不合格的师傅予以解聘、减少课时费、取消晋升等优惠条件。

9. 认真完成企业领导交办的其他各项工作任务。

附录4 园林种植施工与养护学徒岗学徒选拔标准与守则

第一部分 企业学徒选拔标准

一、学徒选拔的基本原则

坚持“公平、公正、公开”的原则，做到选拔条件与考核内容公开、选拔经过公开、选拔结果公开，选拔优秀学徒进入公司实践。

二、选拔对象、条件及人数

（一）选拔对象

新疆农业职业技术学院园林工程技术专业全日制高职学生。

（二）选拔条件

1. 思想端正，有良好的道德品质和文明的行为习惯；
2. 身体健康，无疾病；
3. 专业课程成绩优秀，文化课程学习成绩较好；
4. 热爱园林事业，具有合作意识和团队精神；具有较强的吃苦耐劳的精神；
5. 有责任感和奉献精神，品行端正；
6. 自愿参加，入选后同意参加本企业现代学徒制培训；
7. 毕业后（学成后），自愿在本企业进行园林方面的工作。

（三）选拔人数

根据合作企业的选拔学徒的人数确定。

三、选拔程序

个人提出书面申请—园林科技分院根据学生情况进行推荐—园林企业综合考核，确定人选—由园林企业、学院、学生（未成年人由家长代理）等三方共同签定学徒协议。

四、学徒选拔考核技术标准

（一） 考核命题标准

学徒选拔考核以《高级园林绿化工》国家职业标准的工作要求为基础，适当增加新知识、新技术、新设备、新技能等相关内容，以实际操作的形式进行考核。试题由学徒选拔本企业组织有关专家统一命制。

（二） 考核场地环境设计

采取有效措施确保工位与工位之间互不干扰；设置有考评专家进入现场巡视的专门通道，以不影响考核选手考核为标准。

（三） 考核内容及要点

1. 考核方法

考核采用现场实际绘制的方法，要求选手按照种植施工岗位标准中所规定的工作要求，在规定时间内完成现场工作。

2. 考核内容

（1）园林树木修剪；（2）行道树测量放线；（3）园林植物识别；（4）绿地设计施工图的识别；（5）园林绿地养护。

3. 考核时间

要求 4 小时内完成。

4. 评分要求

考核评分比重表

评分项目	分值（分）
园林树木修剪	20
行道树测量放线	20
园林植物识别	20
绿地设计施工图识别	20
园林绿地养护	20
合计	100

否定项说明：若参加考核的学徒发生下列情况之一，该考核成绩记为零分：考试抄袭、缺考、替考。

第二部分　企业学徒学习守则

一、入职培训

1. 公司针对企业学徒在进入职业岗位工作之前必须开展入职培训。培训地点可选在学院或公司，重点就公司、部门基本情况、企业组织机构、管理文化、从事工作任务等《员工手册》的相关内容进行培训。

2. 公司为每位企业学徒学生指定一名入职引导人，进入职业岗位工作时，需指定一名企业技术专家或部门技术负责人为指导教师，指导学生工作、生活，完成职业岗位工作任务和学生学习计划。

二、员工纪律与行为规范

企业学徒学生作为企业准员工，按员工同等对待管理。

1. 公司员工基本守则

（1）热爱公司，服务社会；

（2）尊重他人，诚实守信；

（3）用心做事，追求卓越；

（4）不断进步，完善自我；

（5）团结合作，坚持原则；

（6）爱护公司财务，提倡勤俭节约；

（7）严守公司机密；

（8）保持环境卫生，注意个人仪表。

2. 公司考勤制度

作为公司的员工，必须严格按公司规定的工作时间出勤。

（1）每天须按时上下班，并按规定记录考勤。

（2）因公外出或出差需由部门负责人签字认可。未请部门负责人签字的，视做旷工。旷工 1 天扣除当月浮动工资的 10%或工资总额 1/30，以此累加。

（3）迟到（早退）10 分钟以内，按事假 2 小时处理；迟到（早退）10 分钟以上 1 小时以内，按事假半天理；迟到 1 小时以上，按事假 1 天处理。每月事假超过公司规定天数，按 3 天事假等同 1 天矿工处理。

（4）连续无故矿工 3 天，公司将解除接受该学生顶岗实习的约定，并遣返回学院交由学院进行组织纪律处分。

（5）一般情况不得请事假，特殊情况下，可填写请假单请部门负责人审批，审批后的请假单交人力资源部备案。事假超过3天的，还应经主管领导审批。事假获准后，应在离开工作岗位之前安排好工作。

(6) 请病假须于上班前或不迟于上班后30分钟内通知你所在部门的负责人，并于病假后上班的第一天补办正式的请假手续：填写请假单，并附区（县）级以上医院出具的病休证明。

(7) 事假、病假期间，工资与奖金按当月实际出勤率计算。在1个月之内，如果事假超过3天或病假超过5天者，将不能参与当月津贴的分配。

(8) 上班期间如需外出办理公务，应事先向你的直接上级请示。

3. 工作风纪

(1) 公司鼓励员工间积极沟通交流，但不能因此妨碍工作。因此，办公期间应该坚守岗位，不要随意串岗聊天。需要暂时离开时，应知会同事。

(2) 保持办公室的整齐、干净、卫生是每一位员工的责任。请不要在办公区域进食、吸烟、饮酒，如有发现，按公司规定给予警告、罚款处理。

(3) 办公室是公司办公场所，有公司很重要的财物和信息资料。所有来访的客人必须由邀请人陪同才可进入；接待来访、业务洽谈应在洽谈室或会议室进行。

(4) 不得浪费、损坏公司公物，或将公司公物占为己有，消费使用，一经发现给予警告、罚款。

(5) 外出公务或出差必须乘坐公司指定交通工具，并按规定标准住宿。不得乘坐如摩托车、三轮车等非客运机动车。

4. 礼仪仪表

从进入公司上班的第一天起，你的一言一行就代表着公司，因此，工作时保持整洁的外表是十分重要的，应注意遵守下列要求。

(1) 工作期间，应保持精神振作、彬彬有礼、高效敏捷。

(2) 上班时，应注意衣着整洁、大方、得体。男职员不可留长发，蓄胡须，女职员不可浓妆艳抹。公司有统一着装要求的，按具体着装规定执行。上班期间不得着装短裤、无袖装、超短裙、凉鞋、拖鞋等。

(3) 同事间应相互尊重，互帮互爱，语言文明。

(4) 对外交往应有礼有节，不卑不亢，礼貌大方，简朴务实。

5. 保密

由于竞争的存在以及你对公司的责任，每个员工都有保守公司秘密的义务。这种保密的义务，不仅限于你在公司工作的合同期内，而且还应注意无论你是退休或离职后，你都将承担这种义务。

(1) 务必保管好持有的公司涉密文件。

(2) 未经授权或批准，不得对外提供有密级的公司文件或其他未公开的经营状况、财务数据等。

（3）对非本人职权范围内的公司机密，应做到不打听、不猜测、不传播。

（4）发现了有可能涉密的现象应立即向有关上级报告。

三、企业学徒学生的工作与学习制度

1. 企业学徒学生在企业指导教师指导下直接上岗从事公司职业岗位工作。岗位工作等同于企业员工，岗位实习学徒不得提出特殊要求。

（1）企业学徒学生工作期间必须服从部门管理人员、班组长工作安排，严格按照技术规范要求开展职业岗位工作。对工作中不清楚的技术问题，要勤学、勤问、勤练，掌握后再上岗操作，保证工作质量，提高技术水平。

（2）遵守劳动纪律，反复操作训练，精确操作，提高劳动效率，高效高质量完成岗位工作。

（3）企业学徒学生有权拒绝与职业岗位无关工作，并积极主动与指导教师、上级领导反映、沟通。

2. 实习期间，学生采用边工作边学习的工作导向教学与学习方法，学生在已有知识技能的基础上，主要采用以下学习方法。

（1）作为学徒，在企业指导教师指导下，通过反复工作训练，掌握职业岗位操作（原为“职业”）技能。学生要多与企业指导教师交流沟通、请教业务技术，注重学习指导教师分析问题、解决处理问题的思维方式，工作经验，公司人际关系等方面的知识。

（2）充分利用公司业务技术培训的机会，学习业务技术。

（3）利用业余时间，自学学院提供的技术指导手册、企业技术资料。根据生产中问题，通过各种信息渠道参阅学习相关知识、技术。

（4）在学习、训练掌握职业岗位业务技术的同时，善于调研分析岗位业务技术，以及工作中存在的问题，通过研究，能够改进技术或管理程序、提高工作效率。

3. 学生必须服从学校实习的统一安排，个人不得擅自调换企业和岗位。如确有问题须向学校指导教师提出申请，经批准后方可调换，否则以实习成绩不及格处理。

四、实习安全

1. 公司安全教育。公司对岗位实习学徒上岗前进行一次安全教育。

2. 意外人生伤害保险。公司为岗位实习学徒购买一份意外人生伤害保险。

3. 安全检查。公司定期在顶岗实习前、中、后期进行三次安全检查，重点就生活场所、工作场所安全，交通安全、饮食安全、学生日常行为等方面进行全面检查。并开展不定期抽查。

4. 处罚。

(1) 公司对不注重岗位实习学徒安全的部门限期责令整改，并处于相应经济处罚。

(2) 公司对不听劝阻严重违反有关安全操作规定的岗位实习学徒，将其送返学院处理。